INDICE

4

1.0 *Le macchine a CNC -Generalità*

I vantaggi derivanti dall'uso delle macchine a controllo numerico possono essere così sintetizzati:

- Riduzione dei costi diretti di manodopera
- Riduzione dei costi delle attrezzature
- Aumento delle attrezzature
- Aumento della produzione
- Miglioramento della qualità del prodotto
- Riduzione degli scarti
- Aumento della flessibilità della struttura produttiva
- Riduzione di aree occupate in officina (una macchina a CNC può sostituire più macchine tradizionali)
- Certezza di realizzare comunque i tempi di lavorazione preventivati
- Possibilità di affidare ad un solo operatore più macchine

Oltre a questi vantaggi il CNC ha dato adito ad un ulteriore evoluzione nel campo delle macchine utensili, permettendo di passare dalle tradizionali **macchine monoscopo** (atte ad un unico tipo di lavorazione) a **macchine multiscopo** dette anche **centri di lavorazione,** capaci di fresare, alesare forare e maschiare in un solo ciclo di lavoro, con un solo posizionamento del pezzo. Oltre a queste sono stati successivamente sviluppati centri di lavorazione della lamiera e centri di tornitura.

Attualmente i centri di lavoro costituiscono l'elemento meccanico principale dei nuovi sistemi di produzione e rendono possibili quelle flessibilità ed elasticità produttive che si dimostrano indispensabili per la moderna industria manifatturiera.

2.0 *CONTROLLO ISO - FANUC SERIE 0-21 MC /TC*

2.1 *Generalità*

Le macchine a C.N.C. (controllo numerico computerizzato) sono caratterizzate sinteticamente dalle seguenti peculiarità:

- *Realizzazione* di particolari meccanici svincolati dalla abilità dell'operatore, quindi riduzione dei tempi di ciclo e rendimenti e precisioni delle lavorazioni costanti.

- *Flessibilità* nelle lavorazioni in quanto consentono di passare in breve tempo dalla lavorazione automatica di un pezzo o di un lotto ad un altro pezzo o lotto cambiando semplicemente il programma.

- *Stabilità* (fondazioni e basamento) per resistere a sollecitazioni esterne che possono modificare la precisione delle lavorazioni.

- _Rigidità_ per mantenere elevata precisione nelle lavorazioni anche per elevate forze che vengono trasmesse all'interno della macchina (forze di taglio, forze di inerzia etc.)

- _Precisione e rapidità negli spostamenti_ dovute alle viti a ricircolazione di sfere che hanno consentito di sostituire l'attrito di strisciamento delle classiche guide, all'attrito di rotolamento, mediante l'interposizione di sferette fra vite e chiocciola. Esse consentono peraltro la ripresa degli eventuali giochi causati dal logoramento.
L'elevato rendimento e la durezza delle superfici accoppiate permettono di ottenere velocità di posizionamento fino a 30 m/1', ma soprattutto essendoci assenza di gioco permettono di eseguire asportazioni di truciolo sia in concorde che in discorde.

- _Controllo continuo delle velocità_ grazie all'impiego di motori in c.c., oppure con c.a. a frequenza variabile (inverter), in particolare sui mandrini; sono impiegati anche motori passo-passo specie per il movimento delle slitte.
Le velocità di rotazione dei mandrini hanno raggiunto in certe macchine valori di 30000 g/min, ma ormai è abbastanza usuale avere a disposizione velocità di 15000g/min.

- _I trasduttori_ rilevano istante per istante la posizione reale dell'utensile e la inviano al comparatore che la mette a confronto con la misura da raggiungere a fine corsa. Dal confronto dei due valori emerge una differenza e il comparatore attiva la traslazione mediante il servomotore. Quando la differenza si avvicina allo zero, il servomeccanismo è in grado di regolare il numero dei giri del motore in modo da decelerare gradualmente il moto dell'utensile fino a ridurlo a zero esattamente nelle posizione voluta.

- _Dispositivi automatici di cambio utensile_, prelevato da un magazzino utensili. Tale cambio avviene in tempi brevissimi; vi sono macchine che lo effettuano in meno di 2 sec. Gli utensili sono contenuti in un magazzino macchina, che può essere a catena, a giostra ecc. e può contenere anche 100 utensili. La maggior parte delle macchine possiede un magazzino utensili ad accesso casuale, in cui ogni utensile, non occupa sempre la stessa posizione da cui è stato prelevato, ma il primo che si rende disponibile in magazzino. E' ovvio che nella macchina esiste una tabella utensili TS (Tool Simulation) dove per ogni posto si legge l'utensile che vi è contenuto e che viene costantemente aggiornata tramite un opportuno programma. I magazzini a posto fisso hanno un cambio utensili più lento quindi più alti tempi passivi.

- In questo corso saranno trattate macchine con solo tre assi controllati, praticamente il moto delle slitte; in sostanza oggi sono sempre più frequenti macchine che hanno 4,5 e anche 6 assi controllati, esempio una fresa che possiede la tavola girevole (4 asse), la testa della fresa che può ruotare (5 asse), e l'utensile che può uscire dalla testa (6 asse). In tal caso gli assi vengono contraddistinti con le lettere X,Y,Z,U,V,W.

- In quasi tutti i sistemi controllati, si impiegano le cosiddette manopole di "override" che permettono all'operatore macchina di correggere in tempo reale i valori programmati dell'avanzamento e del numero di giri in frazione percentuale. 100% significa che i valori programmati vanno bene, 50% significa che devono essere dimezzati, 150% che devono essere aumentati del 50%. E' ovvio che dovendo eseguire una filettatura la posizione della manopola deve trovarsi sul 100%.

Quando si va in macchina ad eseguire il prototipo del pezzo è utile tenere sotto controllo la manopola di "override" per intervenire tempestivamente se qualcosa non va come programmato.

- Ultimato il programma ed inserito questo nella memoria di macchina, questa possiede in genere un software più o meno evoluto che ci permette di simulare graficamente la lavorazione per poter controllare se questa realizza il progetto previsto. La simulazione può essere piana e si vede solo lo spostamento dell'asse della fresa, o lo spostamento della punta dell'utensile nel tornio, ma può essere anche tridimensionale e si vede veramente la lavorazione e la forma assunta dal materiale lavorato. Questa differenza cambia assai il valore della macchina.

- E' evidente che l'impiego di macchine sempre più veloci va di pari passo con l'evoluzione degli inserti in metallo duro per utensili. Le tecniche del rivestimento superficiale (PVD e CVD) vanno sempre più sviluppandosi consentendo prestazioni più elevate. Sono allo studio nuove ceramiche che dovrebbero elevare di molto le velocità già adesso alte, senza contare l'impiego di materiali quali il CBN (nitruro cubico di boro) particolarmente impiegato nella lavorazione di metalli di notevole durezza 50 HRc (temprati) che un tempo dovevano essere lavorati solo con le mole e il PCD (diamante policristallino) impiegato nelle lavorazioni di materiali abrasivi non ferrosi che richiedono precisione e finitura superficiale elevate.

2.2   *Linguaggi e formato delle istruzioni*

Le funzioni di più comune impiego sono:

N – numero di sequenza che individua il blocco delle istruzioni. E' seguito da
    un numero da 1 a 9999. Di solito si utilizzano i multipli di 5 per poter
    sempre inserire, anche a programma ultimato, dei blocchi senza dover
    riprogrammare tutta la numerazione.

G – (da 0 a 99) funzione preparatoria è l'indirizzo che individua il moto degli
    utensili, gli spostamenti, predispone alla esecuzione di operazioni varie
    etc. Molte di queste hanno definizioni ISO valide con tutti i controlli
    (Fanuc, E.C.S., Philips, Selca, Heidenhain, Siemens etc.) per i numeri
    lasciati liberi dall'ISO ogni costruttore ha inserito proprie funzioni.
    Le funzioni descritte nel presente libro oltre che ISO e quindi comuni a tutti
    i controlli sono esclusivamente FANUC 0-21 quindi non hanno corrispondenza
    con altri linguaggi di programmazione.

    Nota: le funzioni G da 0 a 9, sono cosi previste dall'ISO: G00, G01, G02,
    G03, G04 etc. Ebbene quasi tutti i controlli accettano anche una sola cifra
    numerica G1, G2. G3, etc. indifferentemente.

F - avanzamenti, indirizza il messaggio ai servomotori che regolano la
    velocità di avanzamento; unito alla funzione G94 predispone
    l'avanzamento in mm/min(G94 F80), con G95 in mm/giro (G95 F0.4).
    Nella fresa normalmente F è in mm/min ; mentre nel tornio è mm/giro; se si volesse
    cambiare l'unità di misura si useranno G95 o G94.

S – velocità di taglio; unita alla funzione G96, il numero che accompagna S rappresenta *la velocità costante* in m/min (si usa in tornitura); unita alla funzione G97, S rappresenta i giri/min (normale nella fresa). Quando si lavora a velocità costante alcune macchine vogliono, mediante un indirizzo stabilito dal costruttore, il numero di giri massimo al quale si vuole arrivare compatibilmente con le caratteristiche del motore (es. MS6000), altre macchine realizzano ciò in modo automatico.

T – individua la posizione utensile per predisporre il cambio utensili es. T05. Su alcune unità basta solo T... per fare il cambio utensili, in altre unità occorre aggiungere il comando M6. Nella programmazione Fanuc occorrerà inserire M6 nel caso di programmazione sulla fresatrice, mentre sulla programmazione del tornio non è necessario.

M – funzioni miscellanee disponibili da 0 a 99 per varie funzioni ausiliarie.

X,Y,Z – danno informazioni dimensionali

I,J,K – sono utilizzate per le coordinate del centro e corrispondono a X,Y,Z.

L'ordine di scrittura è il seguente, anche se quasi tutti i controlli accettano un ordine libero di scrittura dopo il numero di blocco:

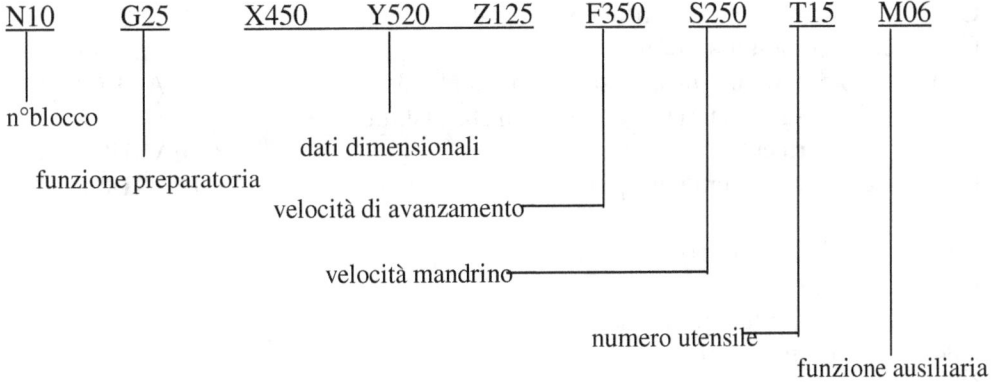

Al numero di blocco non necessariamente devono seguire righi di programmazione, ma possono essere scritti righi di commento e note posti fra parentesi; è evidente che i commenti scritti fra parentesi sono ignorati dal controllo e servono solo al programmatore.

FUNZIONE PREPARATORIA (di uso più frequente)
    è una parola formata da un indirizzo seguito da un numero

G0   posizionamento in movimento rapido
G1   interpolazione lineare (moto di lavoro)
G2   interpolazione circolare oraria (moto di lavoro)
G3   interpolazione circolare antioraria (moto di lavoro)

G4	tempo di sosta	
G9	posizionamento esatto	
G15	disattiva la programmazione in coordinate polari	(FANUC)
G16	attiva la programmazione in coordinate polari	(FANUC)
G17	piano di lavoro XY	
G18	piano di lavoro XZ	
G19	piano di lavoro YZ	
G28	ritorno al punto di riferimento (reset)	
G33	filettatura con passo costante (unica passata)	
G40	percorso utensile sul profilo (disattiva G41 e G42)	
G41	percorso utensile a sinistra	
G42	percorso utensile a destra	
G43	compensazione utensile (sporgenza)	(FANUC)
G49	annulla la compensazione dell'utensile	(FANUC)
G50	annulla funzione di scala o di specchia	(FANUC)
G51	funzione scala o specchia	(FANUC)
G52	definizione nuovo punto "0"	(FANUC)
G54	definizione punto "0" offset 1	(FANUC)
G55	definizione punto "0" offset 2	(FANUC)
G56	definizione punto "0" offset 3	(FANUC)
G57	definizione punto "0" offset 4	(FANUC)
G58	definizione punto "0" offset 5	(FANUC)
G59	definizione punto "0" offset 6	(FANUC)
G68	rotazione sistema di coordinate INS	(FANUC)
G69	rotazione sistema coordinate DISINS	(FANUC)
G72	ciclo di tornitura di finitura	(FANUC)
G73	ciclo di tornitura in sgrossatura longitudinale	(FANUC)
G74	ciclo di sgrossatura trasversale o di stacciatura	(FANUC)
G75	ciclo di ripetizione del percorso	(FANUC)
G78	ciclo di filettatura multiplo	(FANUC)
G80	annulla l'esecuzione di ciclo fisso	
G81	ciclo di foratura poco profonda	
G82	ciclo di lamatura	
G83	ciclo di foratura profonda	
G84	ciclo di maschiatura	
G85	ciclo di alesatura	
G86	ciclo di barenatura	
G90	programmazione assoluta	
G91	programmazione relativa	
G92	definizione "0" pezzo rispetto allo "0" macchina in tornitura	(FANUC)
G94	avanzamento in mm/1'	
G95	avanzamento in mm/g	
G96	rotazione a velocità costante m/1'	
G97	rotazione a giri costanti g/1'	
G98	ritorno alla quota (z) precedente l'attivazione del ciclo fisso	(FANUC)
G99	ritorno alla quota (z) stabilita nella definizione del ciclo fisso	(FANUC)

M) – FUNZIONE AUSILIARIA (di uso più frequente)

M0	arresto del programma

M3	rotazione oraria del mandrino
M4	rotazione antioraria
M5	stop rotazione del mandrino
M6	cambio automatico dell'utensile
M8	refrigerante inserito
M9	disattiva l'uso del refrigerante
M13	rotazione oraria del mandrino + refrigerante
M14	rotazione antioraria del mandrino + refrigerante
M19	stop mandrino orientato
M30	fine programma con ritorno all'inizio
M66	cambio manuale utensile
M71	aria compressa ON
M72	aria compressa OFF
M98	richiamo sottoprogramma
M99	fine sottoprogramma

3.0 *Programmazione di Fresatrice CNC*

La memorizzazione dei programmi all'interno della macchina è fatta assegnando un numero ad ogni programma, ciò non è molto agevol perché occorre tenere una registrazione di corrispondenza fra numeri e pezzi lavorati. Scrivere fra parentesi (in tal modo il commento è ignorato dal CN) una nota all'inizio del programma aiuta solo a capire a programma già aperto di cosa si tratta.
 Vi sono però alcuni CNC che accettano serie di caratteri alfanumerici.

3.1 *Punti di riferimento*

M = zero macchina   (è un punto di riferimento non modificabile stabilito dal costruttore, è anche l'origine del sistema di coordinate)

R = punto di riferimento (posizione nell'area di lavoro della macchina definita esattamente da fine-corsa. Le posizioni delle slitte vengono calcolate dopo aver portato le slitte sul punto R. *Ad ogni accensione della macchina occorre eseguire questa operazione.)*

N = punto di riferimento montaggio utensili (definito dal costruttore). Sulla fresa Emco vi è in posizione 10 un finto utensile che sporge 30 mm dalla battuta ed è rispetto a questo che si effettua il presetting degli utensili.

W = punto Zero Pezzo   (punto di partenza per le quote nel programma. Può essere definito liberamente dal programmatore e successivamente modificato all'interno del programma stesso).

Nelle fresatrici EMCO lo zero macchina **M,** stabilito dal costruttore, è sul vertice sinistro della tavola. Questa posizione non è comoda come punto iniziale della programmazione. Grazie allo "zero offset" il sistema di coordinate può essere trasferito in un punto più conveniente.

Si hanno a disposizione sette registri (WORK) per memorizzare altrettanti zero offset. Il registro 00 è l'offset di base gli altri offset saranno sommati ad esso.
Una volta immesso il valore nel registro rispettivamente 01-02-03-04-05-06 questo può essere richiamato all'interno del programma rispettivamente con G54-G55-G56-G57-G58-G59 quando occorre e lo zero delle coordinate viene traslato dall'offset di base agli altri offsets richiamati.

Nella simulazione 3D, si usano come in macchina gli zero offset G54-G59 dopo aver messo nel registro le coordinate dello zero

MISURAZIONE DATI UTENSILE

Il CNC considera la punta dell'utensile per il posizionamento, non il punto di riferimento montaggio utensili (**N**). Occorre quindi rilevare la distanza tra la punta dell'utensile e il punto di riferimento del montaggio di ogni utensile e caricare tale distanza nel registro di correzione utensili (OFFSET) insieme al raggio, anche se l'utilizzo del raggio è necessario solo quando si usa la compensazione (G41-G42).
Tale operazione viene chiamata _"presetting"_ e va effettuata ogni volta che un utensile viene sostituito o affilato.

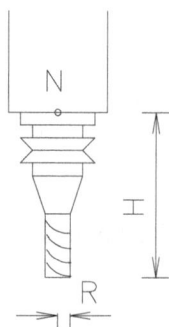

Una regoletta facile da usare per associare l'utensile scelto ai valori di sporgenza e raggio è la seguente:
T1 si associa a H1 (sporgenza) e H2 (raggio)
T2 si associa a H3 (sporgenza) e H4 (raggio)
T3 si associa a H5 (sporgenza) e H6 (raggio)

estrapolando T$_i$ si associa a H$_{2i-1}$ (sporgenza) e H$_{2i}$ (raggio)
H$_i$ sono gli offsets (registri) dove sono stati posti i dati degli utensili.

Quando si effettua un cambio utensili è necessario informare l'unità centrale che deve correggere l'utensile del valore della sporgenza, ciò si effettua con la funzione **G43** ; naturalmente prima di scegliere un nuovo utensile è necessario annullare la correzione con la **G49;** è corretto annullare la compensazione in z con moto di sollevamento in z, oppure a quota z adeguata..

N10 T1 H1 M6 M3 (o M4) G43

....

N55 G0 Z30 G49

N60 T2 H2 M6 M3 G43

Quando si opera la compensazione del raggio utensile G41 o G42 è necessario far seguire la indicazione del registro dove si trova il raggio, per l'utensile T_i il registro è H_{2i}.

Esempio di tabella di utensili caricata in macchina:

UTENSILI	OFFSET – cassetti	TIPOLOGIA	NOTE
T1	**H1** (H) – **H2** (R)	Punta elicoidale Φ 4.2	preforo per M6
T2	**H3** (H) – **H4** (R)	Maschio M6	
T3	**H5** (H) – **H6** (R)	Fresotto Φ 5	
T4	**H7** (H) – **H8** (R)	Fresotto Φ 8	
T5	**H9** (H) – **H10** (R)	Fresotto Φ 10	
T6	**H11** (H) – **H12** (R)	Fresotto Φ 12	
T7	**H13** (H) – **H14** (R)	Fresa a 45°	troncocono 16x8x4
T8	**H15** (H) – **H16** (R)	Fresa a spianare Φ 40	lavora solo su x-y
T9	**H17** (H) – **H18** (R)	Cercavertici	
T10	**H19** (H) – **H20** (R)		

3.2 *Il segno delle coordinate*

Nella fresatrice gli spostamenti sono considerati positivi quando seguono la regola delle tre dita della mano destra. *Il pezzo è pensato immobile ed è l'utensile che si sposta all'interno del sistema di coordinate.*
Anche in tornitura si assume l'immobilità del pezzo; l'asse Z coincide con l'asse di rotazione, l'asse X è in genere diametrale (valore doppio rispetto alle coordinate radiali)

Nel tornio gli spostamenti sono positivi quando l'utensile si allontana dal pezzo.

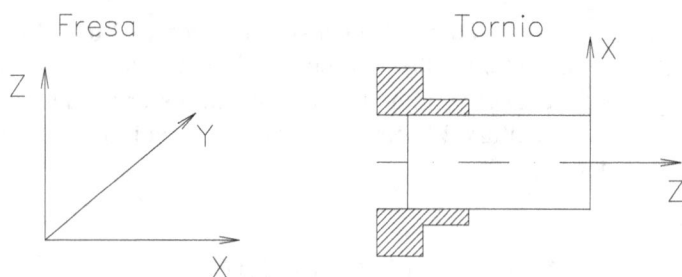

Fresa   Tornio

3.3 *Punto zero pezzo*

Prima di cominciare a scrivere il programma, è necessario definire il punto "0"pezzo rispetto al quale dare poi gli spostamenti.

Tale punto nelle macchine che usano il controllo FANUC è definito con gli "0" offset da G54 a G59 , quindi sono possibili sei possibilità di zero diversi che possono essere definiti ed utilizzati quando occorre.

Nel *simulatore*, lo zero macchina è unico ed è posizionato nell'angolo sinistro alto della morsa così come lo è in genere anche in macchina dopo che abbiamo definito la traslazione dallo zero macchina.

Lo "0" pezzo (Work peace) è definito rispetto a questo con la funzione **G54 - G55 – G56 – G57 – G58 -G59** nel blocco N05 che è il primo blocco di programmazione.
Si consiglia accanto alla funzione di zero "offset" scelta metter un commento fra parentesi in cui sono scritti i valori di X, Y, Z che definiscono lo zero pezzo rispetto allo zero morsa.

Con la funzione **G52** l'attuale punto zero delle coordinate può essere traslato per i valori di X, Y, Z. Con questa funzione si crea un sottosistema di coordinate relativo a quello esistente. La traslazione rimane attiva fino a che non ne viene indicata una nuova.

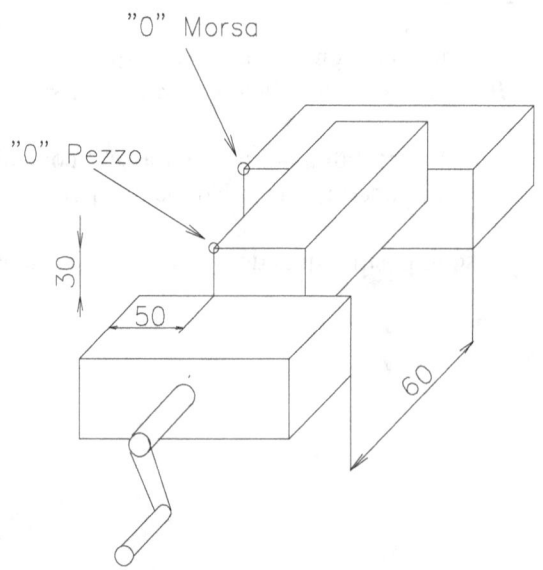

Definizione del punto zero pezzo rispetto allo zero morsa:

N05 G54 (X50 Y-60 Z30 quote da inserire nell'offset)

Nella lavorazione non simulata, lo zero morsa è in genere lo zero di base (G53), quindi per andare allo zero pezzo che in genere si assume nell'angolo destro del pezzo per avere tutti gli spostamenti positivi, si richiama con G54 l'offset 1, dopo che nella tabella degli offest sono state poste le coordinate dello spigolo del pezzo rispetto allo zero morsa.

NOTA : le funzioni G52, G54, G55........G59, definiscono solamente dove è il punto Zero Pezzo, ma non spostano assolutamente l'utensile che rimane nella posizione in cui si trova.

3.4 *Prerequisiti di Programmazione*

Per essere in grado di programmare un particolare meccanico è innanzi tutto necessario possedere i seguenti prerequisiti:

- saper leggere il disegno e individuare attraverso le quote i punti che l'utensile deve raggiungere nella lavorazione.
- possedere competenze nella elaborazione del ciclo di lavorazione da eseguire
- saper scegliere correttamente i parametri di taglio in relazione al materiale da lavorare e agli utensili impiegati.

Aggiungendo a queste competenze la conoscenza di un qualsiasi linguaggio di programmazione possiamo eseguire il programma per realizzare il componente stabilito.

3.5 *Avanzamenti di lavorazione*

Si indica con la lettera **F** (Feed); nelle macchine fresatrici è espresso per "default" in mm/min (G94) quindi rappresenta la velocità; nel tornio per "default" è espresso in mm/giro (G95)
Per una scelta corretta della velocità di avanzamento nella fresatura si ricorda la formula che partendo dall'avanzamento a dente ci permette di definire la F:

$$F = a_z \bullet z \bullet S$$

dove z è il numero di denti o taglienti ed S è il numero dei giri.
L'avanzamento a dente si assume orientativamente 0.02 - 0.05 in finitura e 0.06 - 0.10 in sgrossatura.

La scelta dell'avanzamento di tornitura mm/giro è funzione del grado di rugosità che vogliamo ottenere sulla superficie lavorata, ed è anche influenzato dal raggio di punta dell'utensile. La tabella seguente aiuta nella scelta dell'avanzamento di tornitura fornendo i valori massimi per ottenere le rugosità indicate:

Ra μm	Raggio 0.4	Raggio 0.8	Raggio 1.2	Raggio 1.6	Raggio 2.4
0.6	0.07	0.1	0.12	0.14	0.17
1.6	0.11	0.15	0.19	0.22	0.26
3.2	0.17	0.24	0.29	0.34	0.42
6.3	0.22	0.30	0.37	0.43	0.53
8	0.27	0.38	0.47	0.54	0.66

3.6 *Velocità di lavorazione*

Si indica con la lettera **S** (Speed); nella fresatrice è espressa solitamente in giri/min (G97); nel tornio è solitamente espressa in m/min (G96).
La macchina ha di solito un numero di giri max programmabile che si trova sulla documentazione tecnica. Nel caso di lavorazione di sfacciatura a velocità costante (G96) è evidente che la limitazione dei giri entra in azione avvicinandosi al centro del pezzo.

La velocità di taglio si ricava in genere dai manuali degli utensili e il numero di giri si ottiene con la formula:

$$S = \frac{1000 \cdot V_t}{\pi \cdot d}$$

Nota: nella programmazione Fanuc industriale, in genere ad ogni fase di lavorazione, vengono *ripetute* le informazioni relative allo zero pezzo es. G54 , le informazioni relative ai parametri di lavoro S , F , M3 o M4, in quanto se si ferma la macchina per un qualche motivo (es. un controllo) nella ripartenza non vengono lette le righe precedenti.

3.7 *Funzioni preparatorie G*

Le funzioni preparatorie G sono alla base della programmazione in quanto rappresentano le funzioni che danno istruzione alla macchina di effettuare tutte le operazioni necessarie alla lavorazione del pezzo.
Analizzeremo le funzioni ISO che sono riconosciute e utilizzate da tutti i controlli integrate da funzioni Fanuc.

3.7.1 *Movimento in rapido G0*

La funzione G0, viene utilizzata nelle fasi di avvicinamento o allontanamento rapido dal pezzo; la macchina utensile si muove alla massima velocità di spostamento consentita dal costruttore (oggi siamo, nelle macchine più moderne, a velocità di 30 mt/1' anche se normalmente si hanno valori intorno a 10 m/1'; questi valori rendono del tutto trascurabile il tempo di spostamento rapido in un ciclo rispetto ai tempi di lavorazione)

Sintassi: G0 X-10 Y100 Z-4

Da notare che lo spostamento avviene in diagonale per cui bisogna fare attenzione ad eventuali collisioni utensile-pezzo, altrimenti si separa lo spostamento sul piano x,y dallo spostamento sull'asse z dando la precedenza al movimento di svincolo dal pezzo.
I simulatori delle lavorazioni sono comunque dotati di una funzione " Detection collision" che segnala tutti gli eventuali contatti anomali (in rapido) dell'utensile con la morsa ma anche con il pezzo.

Nota: se in un blocco non viene scritta la funzione G…, oppure una o due coordinate, vengono presi automaticamente i valori del blocco precedente, ciò consente di velocizzare la scrittura del programma evitando di ripetere quote o istruzioni gia scritte.

3.7.2 *Movimento di lavoro G1*

La funzione G1 indica lo spostamento lineare in moto di lavorazione; richiede i dati:

F – velocità di avanzamento
S – numero di giri del mandrino g/1'
T – il numero dell'utensile da utilizzare
M – funzioni ausiliarie di corredo

Sintassi: G1 X120 Y100 M3 F150 S1000

In questo caso M3 sta ad indicare la rotazione oraria del mandrino è obbligatorio indicarla al cambio utensile.
Da notare che si può eseguire anche una interpolazione spaziale, anche se con molta cautela, per la tipologia della lavorazione. Come illustrato nell'esempio sotto è bene partire dalla massima profondità e andare a decrescere.

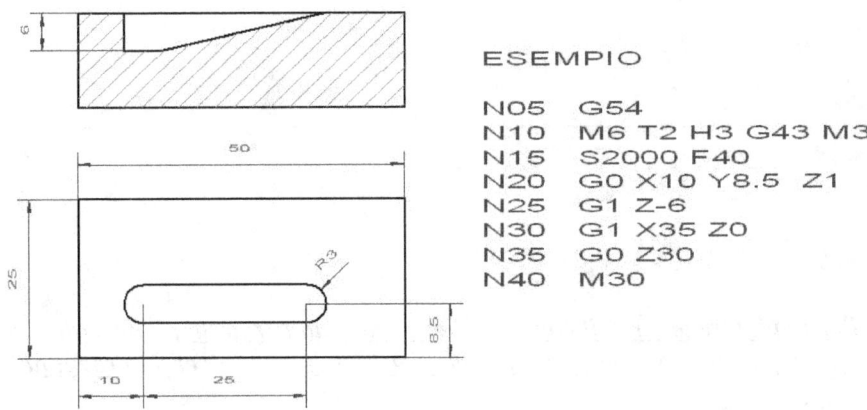

```
ESEMPIO

N05    G54
N10    M6 T2 H3 G43 M3
N15    S2000 F40
N20    G0 X10 Y8.5  Z1
N25    G1 Z-6
N30    G1 X35 Z0
N35    G0 Z30
N40    M30
```

3.7.3 *Interpolazione circolare oraria G2 e antioraria G3*

L'esecuzione di archi di cerchio o cerchi completi viene eseguita con le funzioni G2 e G3:

Sintassi: G2 X40 Y34 I0 J18

Oppure: G2 X40 Y34 R18

I valori di X ed Y rappresentano le coordinate finali del punto da raggiungere (2) , I e J rappresentano le coordinate, rispettivamente X (I) e Y (J) del centro dell'arco ***relative*** al punto di partenza dell'arco (1) quando si lavora nel piano x,y (G17).

Se si lavora nel piano x,z (G18) ovviamente le coordinate finali sono assegnate con X e Z, e le coordinate del centro con I (x) e con K (z).
Analogamente se si lavora nel piano y,z (G19) , Y e Z sono le coordinate d'arrivo e J e K le coordinate del centro.

E' evidente che fra le due sintassi proposte il secondo modo di scrittura è più semplice perché non obbliga la valutazione delle coordinate relative del centro, ma scrive semplicemente il raggio.

Attenzione: quando l'arco da fare è diverso da 180°, esistono due possibilità di percorso aventi lo stesso raggio che conducono allo stesso punto finale. Ciò avviene seguendo due traiettorie diverse, in questo caso se non si vuol incorrere in errori è necessario adottare la prima sintassi, cioè dare le coordinate del centro, così come se vogliamo realizzare una circonferenza completa. Alcuni controlli sono programmati affinchè il percorso seguito dall'utensile, se non viene indicato il centro, sia il più breve.

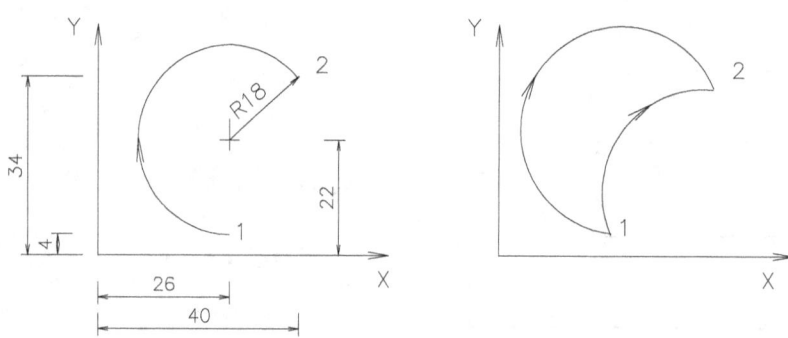

Per realizzare un arco il controllo Fanuc accetta per archi più piccoli di un semicerchio raggi positivi +R, mentre per archi maggiori di un semicerchio raggi negativi –R.

Quindi le coordinate del centro relative al punto di partenza sono necessarie solo nel caso di un cerchio completo, in tutti gli altri casi si dà il valore del raggio col segno.

3.7.4 *Interpolazione ellittica*

Normalmente per un cerchio vengono programmati solo due assi. Questi due assi determinano anche il piano attivo. Se si programma un terzo asse i movimenti delle slitte si combinano in modo da disegnare un percorso a forma di vite.

L'avanzamento programmato non potrà essere mantenuto sul percorso reale ma sul percorso circolare (proiezione). Il terzo asse verrà controllato in modo da raggiungere la posizione finale insieme agli assi circolari.

Limitazioni:

- l'interpolazione ellittica è possibile solo sul piano attivo G17
- l'angolo di inclinazione dell'elica deve essere minore di 45°
- se le tangenti differiscono per più di 2° nell'angolo solido, dovrà essere programmato un posizionamento esatto G9.

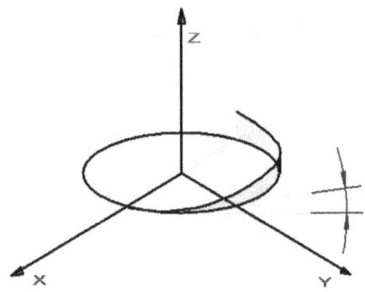

3.7.5 **Sosta in una lavorazione G4**

Se durante la lavorazione intendiamo sospendere l'esecuzione del programma per un tempo definito, ciò può essere programmato con la funzione G4:

Sintassi: G4 X10

X10 rappresenta il numero di secondi della sosta se si sono adottati gli avanzamenti in mm/1' (G94) ; rappresenta il numero di giri di sosta se si sono adottati gli avanzamenti in mm/g (G95) come avviene normalmente nel tornio.

3.7.6 **Posizionamento esatto G9**

Sintassi: N.... G9

Il blocco successivo del programma sarà elaborato quando le slitte sono completamente ferme dal movimento precedente. In virtù di ciò gli angoli non saranno arrotondati ma esattamente a spigoli vivi.

3.7.7 *Programmazione assoluta e incrementale G90-G91*

La programmazione assoluta vuole le coordinate dei punti rispetto allo "0" pezzo.
La macchina all'accensione è predisposta per ricevere quote assolute. Durante l'esecuzione del programma in ogni momento è possibile passare da un sistema all'altro con la funzione G91 e ritornare quando si vuole alle quote assolute premettendo G90.
Ciò risulta molto comodo in quanto si possono evitare operazioni di somma di quote che potrebbero indurre ad errori, utilizzando a seconda di come è quotato il disegno, o la quotatura assoluta o quella relativa e passando dall'una all'altra quando occorre.

Esempio:

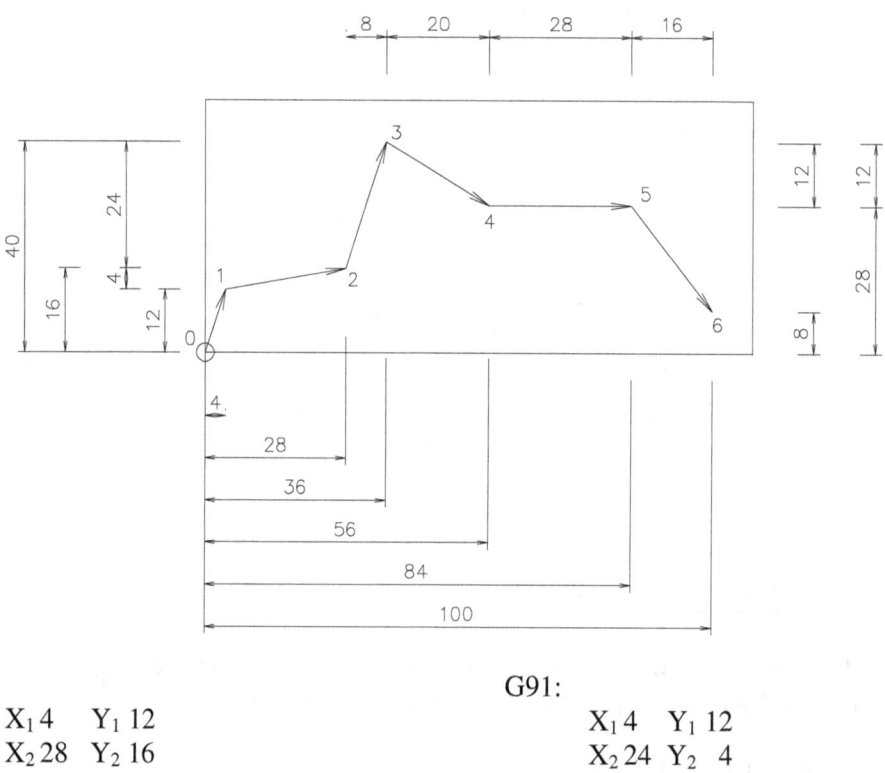

G90:

X_1 4 Y_1 12
X_2 28 Y_2 16
X_3 36 Y_3 40
X_4 56 Y_4 28
X_5 84 Y_5 28
X_6 100 Y_6 8

G91:

X_1 4 Y_1 12
X_2 24 Y_2 4
X_3 8 Y_3 24
X_4 20 Y_4 -12
X_5 28 Y_5 0
X_6 16 Y_6 -28

3.7.8 *Programmazione polare G15-G16*

Così come usiamo la programmazione delle misure da realizzare assoluta e incrementale possiamo usare la programmazione polare che si attiva con la funzione G16 e si disattiva con la programmazione G15. Ricordiamo che le coordinate polari individuano un punto nel piano cartesiano attraverso il valore del raggio e dell'angolo.
Esempio:

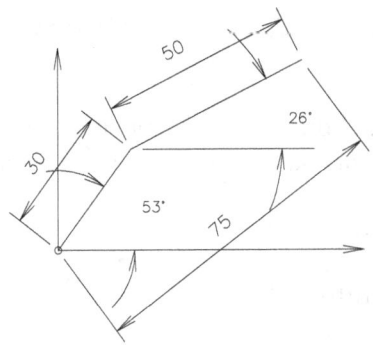

N10 G16 G01 X30 Y53
N11 G1 X75 Y26

I valori di X e Y sono riferiti sempre allo zero pezzo (G90).

Esempio di lavorazione con l'uso delle funzioni sin qui analizzate :

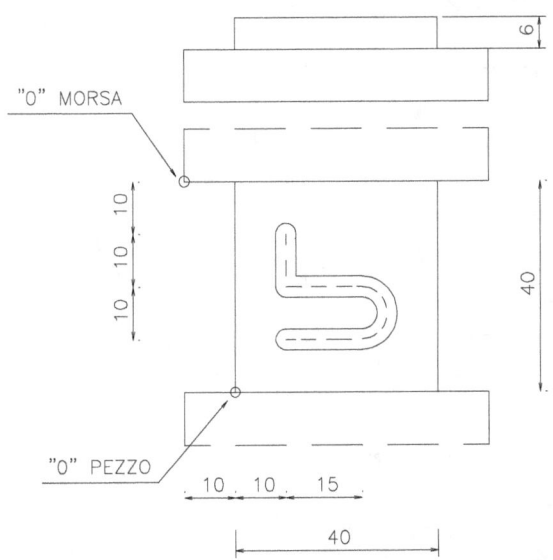

Asola ↓ 4 profondità 2 mm

N05 G54 (X10 Y-40 Z6)	N05 G54 (X10 Y-40 Z6)
N10 T1 H1 M6 M3 G43	N10 T1 H1 M6 M3 G43
N15 S2000 F80	N15 S2000 F80
N20 G0 X10 Y10 Z1	N20 G0 X10 Y10 Z1
N25 F30	N25 F30
N30 G1 Z-2	N30 G1 Z-2
N35 X25 F80	N35 G91 X15 F80
N40 G3 X25 Y20 I0 J5	N40 G3 X0 Y10 I0 J5
N45 G1 X10	N45 G1 X-15
N50 Y30	N50 Y10
N55 G0 Z100 G49	N55 G90 G0 Z100 G49

Nota : i valori fra parentesi nel primo blocco devono essere scritti nella tabella degli zero
        Offset in corrispondenza alla G54 (01) con le coordinate X10 Y-40 Z6.

a G55 corrisponde l'offset 02
a G56 corrisponde l'offset 03
a G57 corrisponde l'offset 04
a G58 corrisponde l'offset 05
a G59 corrisponde l'offset 06

Esempio di una Operazione di spianatura   con una fresa ϕ 60 mm (pos. T3)

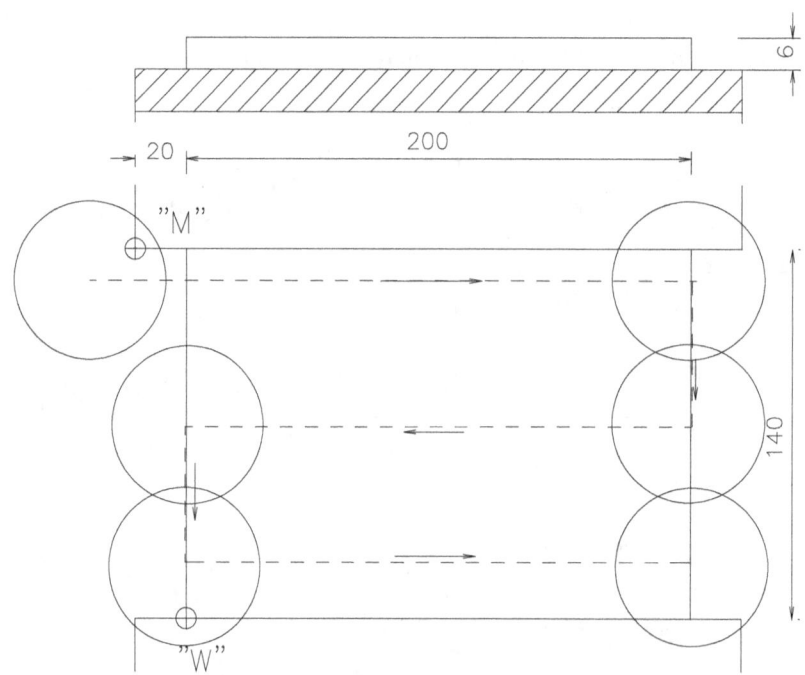

N05 G55 (X20 Y-140 Z5)   viene definito lo   0 entro il pezzo z=5, quindi la passata
                               di sgrossatura è di un millimetro, dopodichè la superficie
                               finita diventerà il riferimento Z0, ciò è assai comodo
                               perchè svincola la precisione delle lavorazioni dalla
                               precisione di montaggio in Z.

N10 T3 H5 G43 M6 M3
N15 S500 F200
N20 G0 X-35 Y125 Z0
N25 G1 X200
N30 Y70
N35 X0

N40 Y15
N45 X200
N50 G0 Z100 G49
N55 M30

Esempio di lavorazione tasca CIRCOLARE con fresa φ 20mm (pos. T2)

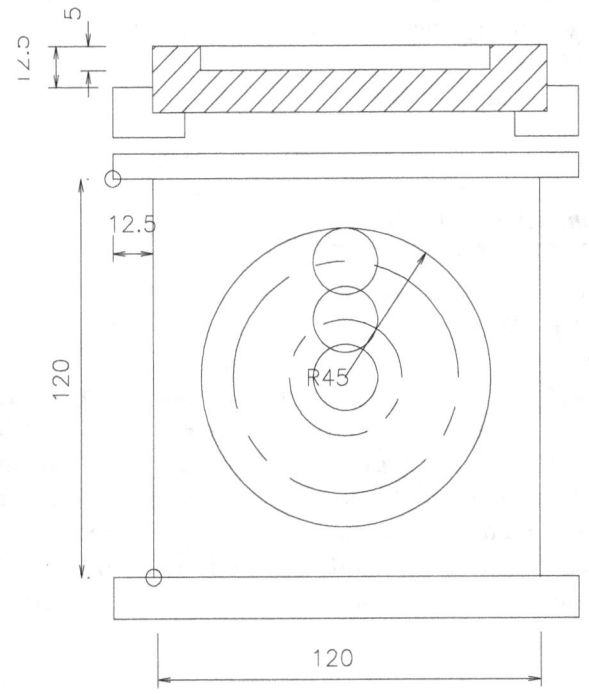

N05 G54 (X12.5 Y-120 Z12.5)
N10 M6 T2 H3 G43 M3
N15 G0 X60 Y60 Z1
N20 G1 Z-5   S1000 F40
N25 Y77.5 F100
N30 G2 X60 Y77.5 I60 J60
N35 G1 Y95
N40 G2 X60 Y95 I60 J60
N45 G0 Z100 G49
N50 M30

3.7.9 *Piani di lavoro G17-G18-G19*

La macchina è in genere impostata per "default" sul piano di lavoro X,Y che è espresso dalla funzione G17, qualora si desiderasse effettuare lavorazioni su altri piani (es. linguetta americana) occorre spostarsi su questi con le funzioni G18 (piano X,Z) e G19 (piano Y,Z).

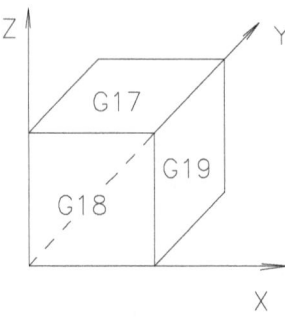

Nota: per valutare l'interpolazione oraria e antioraria, sui tre piani, per convenzione si interpreta il senso di percorrenza dell'arco di circonferenza osservandolo dalla punta del terzo asse perpendicolare al piano di lavoro selezionato.

Sintassi: N 65 G2 G19 Y60 Z35 J25 K20

3.7.10 *Operazione di contornatura G40-G41-G42*

Nella operazione di fresatura si deve sempre stabilire il percorso del centro utensile della fresa, che si discosta dal contorno del pezzo da fresare di una distanza uguale al raggio della fresa; quindi quando si debba fresare un contorno definito da curve anche complesse è necessario programmare il percorso del centro fresa in relazione al raggio dell'utensile usato. La *compensazione del raggio utensile*, invece, permette la programmazione diretta del contorno del pezzo; il calcolo del percorso della fresa in relazione al valore del raggio scelto all'interno del programma viene fatto automaticamente dal controllo provvedendo esso stesso a correggere in più o meno il raggio della fresa (operazione chiamata offset). Un disegno come quello sotto indicato comporterebbe notevoli difficoltà per individuare il percorso del centro della fresa a meno di usare un CAD per definire un contorno del pezzo

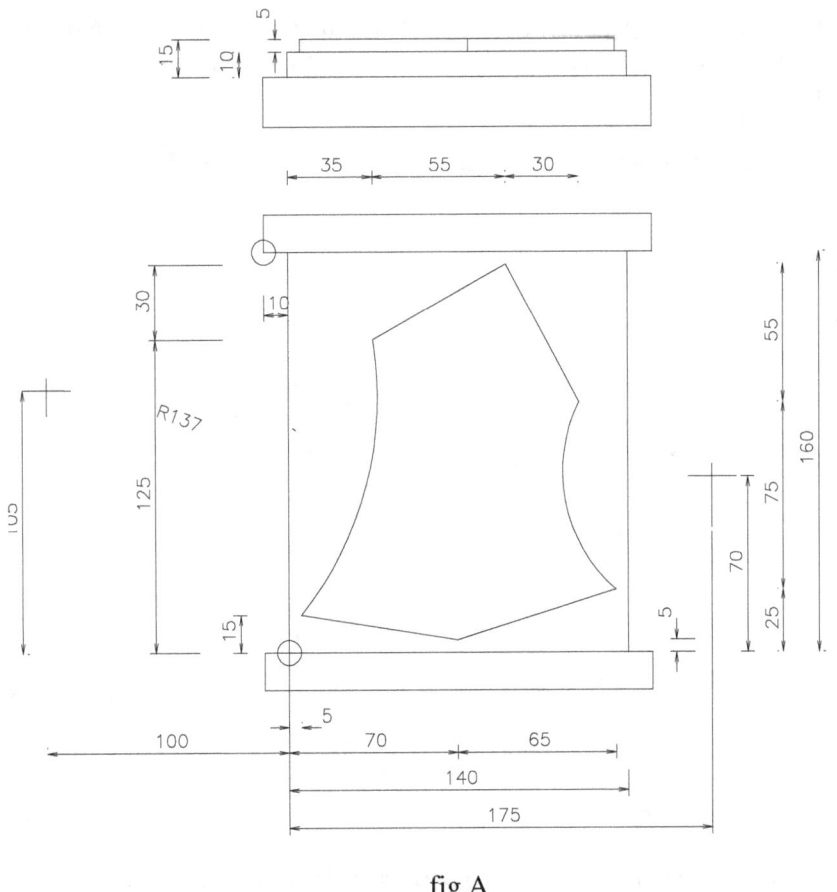

fig.A

a distanza del raggio della fresa e leggendo poi le quote dei punti singolari che interessano per programmare la lavorazione.

La compensazione del raggio da parte del CNC è molto utile perché, oltre a evitarci calcoli, ci permette di variare il diametro della fresa in qualsiasi momento senza dover riscrivere tutto il programma ma semplicemente cambiando l'utensile.

Le funzioni assegnate a questo scopo sono:

-   G40 (disattiva le funzioni seguenti)
-   G41 compensazione a sinistra del raggio utensile
-   G42 compensazione a destra del raggio utensile

Utilizzando queste funzioni il programmatore elabora il programma con il profilo teorico del pezzo come se fosse ottenuto con un utensile di diametro "0". In fase di esecuzione del pezzo, dopo aver scelto l'utensile T_i disponibile a magazzino, sarà definita la variabile H_{2i} che definisce il raggio corrispondente. Ovviamente negli offset degli utensili dovranno trovarsi i valori del raggio dell'utensile richiamato.

Da tener presente che durante la lavorazione in macchina le quote visualizzate sono quelle vere percorse dall'asse dell'utensile.

Le funzioni *compensazione raggio utensile* sono attivabili con le funzioni di movimento G0, G1, G2, G3 e si annullano con la funzione G40 sempre con una funzione di movimento in genere di disimpegno dal pezzo.

Avendo scelto per esempio l'utensile T5 avremo la seguente sintassi:

....
N65 G1 G41 H10 X25 Y50

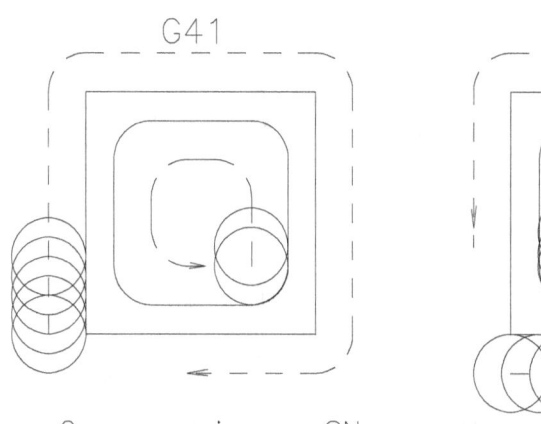

Per eseguire un contorno esterno è necessario portarsi all'esterno del pezzo, aggiustare la z, poi eseguire l'accostamento; per eseguire un contorno interno è necessario portarsi all'interno della figura, abbassarsi alla z con G1 e quindi accostarsi al profilo. I valori X e Y da assegnare corrispondono ai punti effettivi della figura da realizzare, sara poi il controllo a calcolare esattamente il percorso del centro fresa.

Le funzioni di contornatura possono essere accortamente utilizzate per realizzare la passata di sgrossatura lasciando un sovrametallo che verrà asportato in finitura.
A tale scopo utilizzando ad esempio l'utensile T6 (Φ12 mm) come sappiamo, in base alla regoletta stabilita, il raggio dell'utensile si trova nell'Offset H12 dove abbiamo posto (6mm); se creiamo un offset di comodo es. H60 in cui poniamo un raggio maggiorato es. 6.2mm quando useremo H60 lavoreremo il contorno del pezzo lasciando un sovrametallo di 0.2mm. Dopodichè per effettuare la finitura basterà sostituire nel programma H60 con H12 e rieseguirlo, cambiando eventualmente anche i parametri di taglio.

Per eseguire delle quote in tolleranza possiamo sempre utilizzare lo stesso accorgimento, vale a dire la correzione fittizia del raggio del fresotto in modo da realizzare il valore medio fra gli scostamenti superiore e inferiore della quota.

1° Esempio: T1   diametro 40 mm

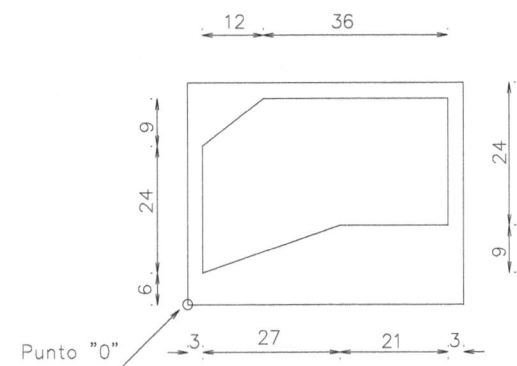

N05 G54
N10 M6 T1 G43 H1 M3
N15 S500 F120
N20 G0 X-22 Y-22
N25   Z-3   (ci portiamo fuori dal pezzo di una distanza maggiore del
                                       raggio della fresa e con la Z in posizione di lavoro; lo
                                       spostamento avviene di regola prima sul piano X,Y e poi
                                       sull'asse Z)
N30 G1 X3 Y6 G41 H2   (con moto di lavoro ci portiamo in posizione di accostamento
                                       G41 a sinistra del pezzo compensando il raggio H2–utensile
                                       T1)
N35 G91 X0 Y24   (sono state inserite le coordinate relative)
N40   X12 Y9
N45   X36
N50   Y-24
N55   X-21
N60 G90 X3 Y6   (ripristino delle coordinate assolute)
N65 G0 X-21 G40   (annullamento della correzione utensili, va fatto prima di
                                       sollevarsi e mentre ci allontaniamo dal pezzo)

……………………………..

Si può riscrivere il programma utilizzando le coordinate assolute e con accostamento a
destra G42.

Nota:
*La compensazione G41/G42 deve avvenire dopo aver posizionato la Z di lavorazione,
e dovrà essere eliminata con G40 prima di sollevarsi dalla Z a fine lavorazione.*

2° Esempio: Sviluppiamo il programma della fig.A   T2 φ 60mm

N05 G54 (X10 Y-160 Z15)
N10 T2 H3 G43 M6
N15 G0 X-35 Y-35
 N16 Z-5

```
N20  G1 X5 Y15 G42 H4 S800  F120  M3
N25  X70 Y5
N30  G91 X65 Y20
N35  G90 G02 X120 Y100  I175 J70
N40  G91  G01  X-30 Y55
N45  X-55 Y-30
N50  G90 X5 Y15 I100 J105
N55  G0 G40 Y-20
N60  Z100 G49
N65  M30
```

3.7.11 *Uso dei sottoprogrammi M98-M99*

Il sottoprogramma si utilizza ad esempio quando dobbiamo in una contornatura asportare
assai materiale lungo l'asse "Z".   In tal caso, invece di scrivere il programma di lavorazione
tante volte quante sono le passate, usiamo il sottoprogramma che ci consente di scrivere una
sola volta la lavorazione.

Il sottoprogramma viene richiamato dalla funzione miscellanea **M98** e termina con la
funzione **M99**.
Da tener presente che il sottoprogramma è un programma autonomo che viene richiamato
all'interno di un programma principale.

La sintassi di richiamo è la seguente: M98 P040035

La lettera P è seguita da un gruppo di sei cifre dove:

        04   (2 cifre)   sta per il numero di ripetizioni del sottoprogramma (es. 4)
        0035 (4 cifre)   sta per il numero assegnato sottoprogramma   (es.35)

Nel sottoprogramma *si usano le coordinate relative G91* almeno per dare la profondità z.

Nota: alla fine della lavorazione prevista nel sottoprogramma l'utensile rimane sulla minima
       quota Z per cui al ritorno nel programma principale è opportuno sollevare l'utensile.

Quando si richiama dalla libreria programmi per una visualizzazione il sottoprogramma si fa
con o35↓   (e non con 0035).

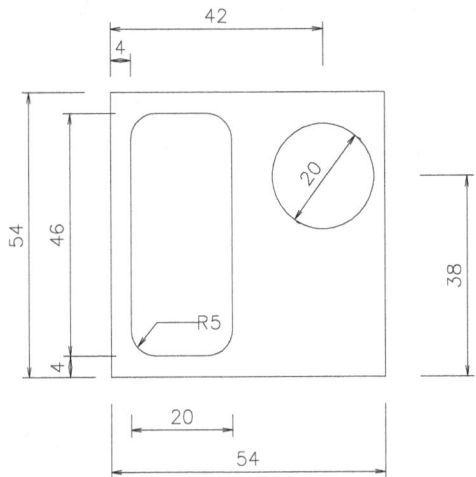

Se si vuole lavorare la tasca profonda 6 mm con una fresa diametro 10 mm e con un sottoprogramma si deve procedere così

```
..........................
N20 G0 X9 Y9 Z1
N25 G1 Z0
N30 M98 P03,0035                        0035
N35 G0 Z1 G90                   N05 G1 Z-2 G91 F30
N40 X42 Y38                      N10 X10 F100
N45 G1 Z-3 F30                   N15 Y36
N50 X47 F300                     N20 X-10
N55 G3 X46 Y38 I-5 J0            N25 Y-36
N60 G0 Z100                      N30  M99
N65 G49
.........................
```

3.7.12 *Rotazione sistema di coordinate G68 / G69*

Con la funzione G68 possiamo ruotare il sistema di coordinate di un dato valore angolare.

Sintassi:

```
          N.....G68  a.....b.....R.....
          ...............................
          ...............................
          N.....G69
```

G68   indica che è Inserita la rotazione del sistema di coordinate
G69   indica che viene Disinserita la rotazione del sistema di coordinate
a, b   indicano le coordinate del centro di rotazione
R   indica l'angolo di rotazione

La rotazione può avvenire nel rispettivo piano di lavoro G17, G18 o G19.

Esempio:
Da notare che in questo esempio il sottoprogramma viene utilizzato per realizzare la figura ruotata 4 volte vedi disegno.

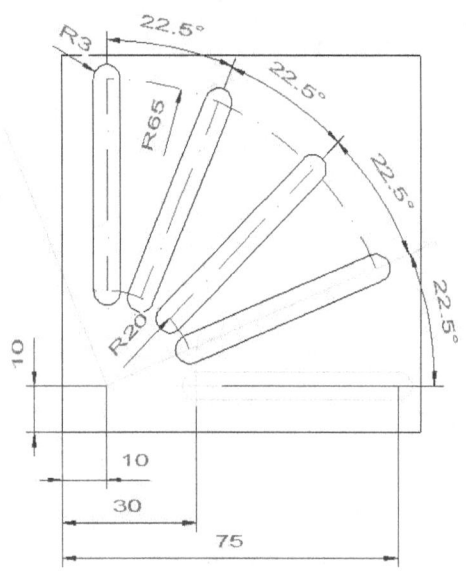

(Programma 0050)	(Sottoprogramma 0051
N05 G54	N05 G91 G68 X10 Y10 R22.5
N10 M6 T2 G43 H3 (fresotto Φ6)	N10 G90 X30 Y10 Z5
N15 S2000 F150 M3	N15 G1 Z-2
N20 M98 P040051	N20 X75
N25 G0 Z30	N25 G0 Z5
N30 M30	N30 G69 M99

Come si può osservare la rotazione inizia ignorando la posizione iniziale della figura definita nel sistema di coordinate primarie; se si volesse ottenere anche la figura iniziale, quindi 5 figure, si può programmarla al di fuori del sottoprogramma   in modo classico e poi procedere come sopra o altrimenti programmarla all'interno del sottoprogramma, in questo caso bisogna partire dalla figura fittizia ruotata di –22.5° come si vede nel disegno sotto.
E' evidente che in questo secondo caso le istruzioni di programmazione calano in modop tanto più significativo quanto più complessa è la figura.

Le variazioni di programmazione sono evidenziate in grassetto.

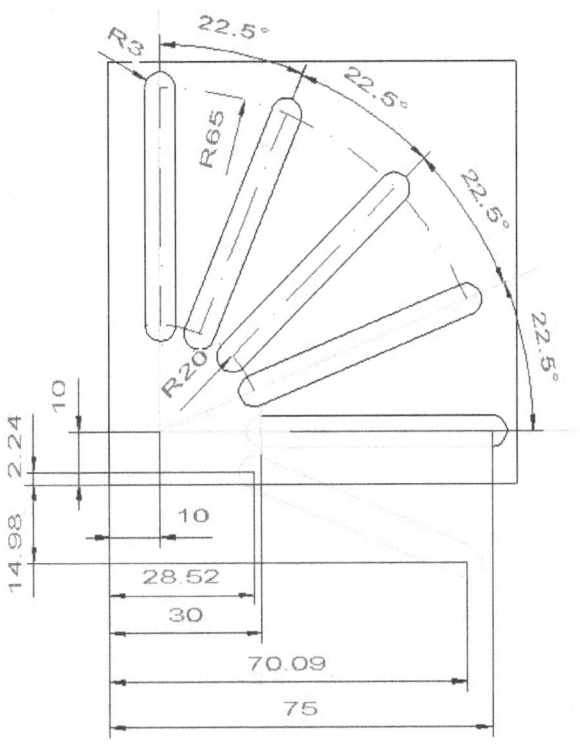

(Programma 0050)		(Sottoprogramma 0051
N05	G54	N05 G91 G68 X10 Y10 R22.5
N10	M6 T2 G43 H3 (fresotto Φ6)	N10 G90 **X28.52 Y2.44** Z5
N15	S2000 F150 M3	N15 G1 Z-2
N20	M98 **P05**0051	N20 **X70.09 Y-14.78**
N25	G0 Z30	N25 G0 Z5
N30	M30	N30 G69 M99

3.7.13   *Cicli fissi o macro*

I cicli fissi o macro, sono dei sottoprogrammi parametrizzati; sono attivabili dal programmatore per l'esecuzione di operazioni molto usate nelle lavorazioni meccaniche, quali forature, filettature, alesature, barenature, esecuzione di tasche etc.

Prima di affrontare l'argomento premettiamo il significato delle funzioni G98 e G99 che vengono usate associate ai cicli fissi.

-   G98   dopo aver raggiunto la profondità di lavorazione l'utensile si ritrae sul piano di partenza   (quota di sicurezza)
-   G99   dopo aver raggiunto la profondità di lavorazione l'utensile si ritrae sul piano di ritrazione, definito con il parametro R (avvicinamento rapido dentro la macro)

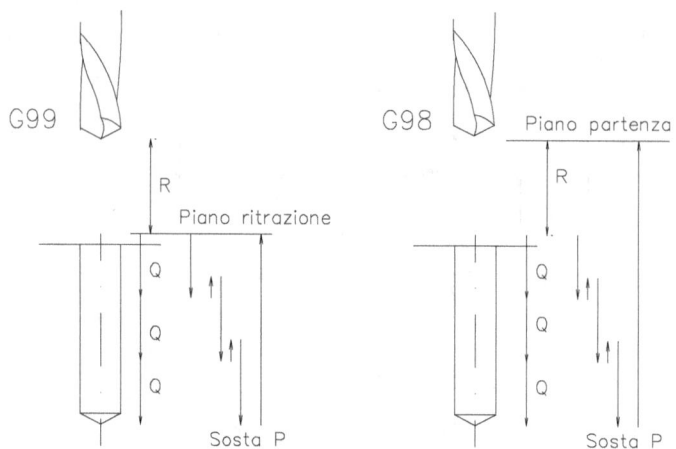

Le funzioni dei cicli fissi sono:

G80   annullamento ciclo fisso

G81   ciclo fisso foratura poco profonda (profondità uguale all'incirca al diametro);
l'utensile raggiunge la profondità finale con l'avanzamento programmato e si ritrae in
rapido

$$N.....G98 \ (G99) \ G81 \ X....Y....Z..... \ R.....F.....K......$$

X,Y - sono le coordinate del centro del foro;
Z - la profondità del foro;
R - definisce il piano di ritrazione (si raggiunge la quota definita in movimento
rapido e vi si ritorna con la G99);
F - avanzamento;
K - definisce il numero di ripetizioni del ciclo, vale a dire il numero di fori uguali da
fare a distanza uno dall'altro definita con X ed Y.

G82 ciclo fisso di foratura poco profonda con sosta detto anche ciclo di lamatura; l'utensile
raggiunge la profondità finale con l'avanzamento programmato, sosta ruotando per
pulire la superficie del foro, e sì ritrae in rapido.

$$N.....G98 \ (G99) \ G82 \ X....Y....Z..... \ R....P....F.....K......$$

P - rappresenta il tempo di sosta in fondo al foro in millesimi di secondo P1000=1sec

G83 ciclo fisso di foratura con rompitruciolo
Ad ogni penetrazione si risolleva fino al piano di partenza per rompere il truciolo,
penetra ancora, ecc. fino alla profondità finale, poi si ritrae in rapido
Usando G73 al posto di G83 ad ogni penetrazione si risolleva di 1mm, poi penetra
ancora, ecc. fino alla profondità finale.

N.....G98 (G99) G83 X....Y....Z..... R....Q....F.....K......

Q - rappresenta il valore di ogni singola penetrazione

G84 ciclo fisso di maschiatura; occorre utilizzare un portamaschio con compensazione di lunghezza. Gli **overrides** del mandrino e dell'avanzamento devono essere posizionati su 100%.
L'utensile penetra ruotando in senso orario, con l'avanzamento programmato, alla profondità Z, si ferma, sosta (P), commuta la rotazione in senso antiorario e si ritrae sempre in avanzamento.

N.....G98 (G99) G84 X....Y....Z..... R....P....F.....K......

G85 ciclo fisso di alesatura; l'utensile raggiunge la profondità finale con l'avanzamento programmato e, sempre in avanzamento, torna sul piano di ritrazione.

N.....G98 (G99) G85 X....Y....Z.....(R)....P....F.....K......

G86 ciclo fisso di foratura con arresto del mandrino e ritorno in rapido
G87 ciclo fisso per gole in fori già esistenti
G88 ciclo fisso di foratura con Stop programmato il ritorno è manuale
G89 ciclo di alesatura con sosta

Il parametro **K** definisce il numero di ripetizioni, nella programmazione assoluta (G90) non ha senso lavorare diverse volte sullo stesso foro, ma con la programmazione incrementale (G91) l'utensile si muove ed esegue K volte fori uguali a distanze costanti X e Y.

Nella figura sottostante K = 6

Il parametro **Q** definisce la penetrazione per passata (divisione del taglio)
Il parametro **P** definisce la sosta in fondo al foro in millisecondi (0.001 sec)

3.7.14 *Smussi e Raccordi*

Si definisce raccordo o smusso l'asportazione della stessa quantità di materiale su entrambi i segmenti presi in considerazione.

Con la programmazione del parametro **C** o del parametro **R** è possibile inserire rispettivamente uno smusso o un raggio tra due blocchi che prevedono movimenti G00 o G01.

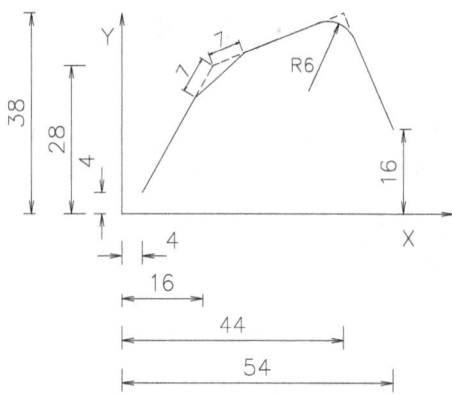

Esempio:

G90	G91
....	....
N25 G0 X4 Y4	N25 G0 X4 Y4
N30 G1 Z-2	N30 G1 Z-2
N35 X16 Y28 C7	N35 G91 X12 Y24 C7
N40 X44 Y38 R6	N40 X28 Y10 R6
N45 X54 Y16	N45 X10 Y-22
....	....

3.7.15 *Funzione di scala e di specchiatura G50-G51*

Con la funzione G50 si annulla il fattore di scala o specchiatura, con la funzione G51 si può attivare il fattore di scala fino alla sua deselezione con G50.3

$$N..... \ G51 \ X...Y...Z... \ I...J...K...$$

Con X,Y,Z viene definito un punto base dal quale saranno calcolati tutti i valori, con I,J,Kè possibile definire per ogni asse un fattore di scala (in 1/1000); esempio se si vuole raddoppiare una figura si avrà:

$$N....G51 \ X...Y...Z...I2000 \ J2000 \ K2000$$

Specchiatura di un contorno

Se si programma una scala negativa, il contorno sarà specchiato intorno al punto base P_B.
Ad esempio se si programma la scala **I-1000** tutte le posizioni X saranno specchiate rispetto al piano YZ, se si programma la scala **J-1000** tutte le posizioni Y saranno specchiate rispetto al piano ZX.

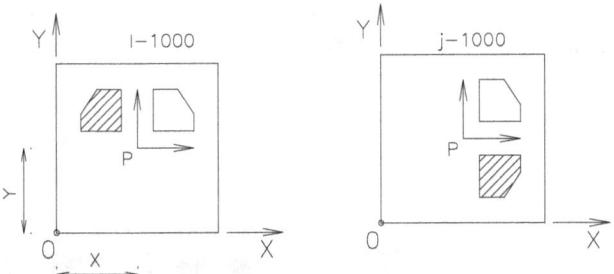

X e Y sono le coordinate del punto base della specchiatura

Da notare che questa funzione specchia la figura senza copiarla.

Nell'esempio è evidenziata marcata la figura ottenuta e sottile la figura programmata.

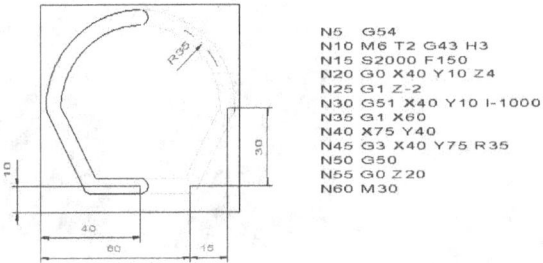

Nel caso il punto iniziale non giaccia sul piano di specchiatura occorre programmarlo come primo rigo di posizionamento.
Sinceramente non si comprende un utilizzo razionale di tale procedura.

3.7.16 *Programma CNC – per filettatura interna fresata*

Vediamo questa interessante operazione effettuata grazie all'uso di inserti intercambiabili prodotti dalla CARMEX Precision Tools Ltd. utilizzando semplicemente i programmi di interpolazione elicoidale previsti nei CNC.

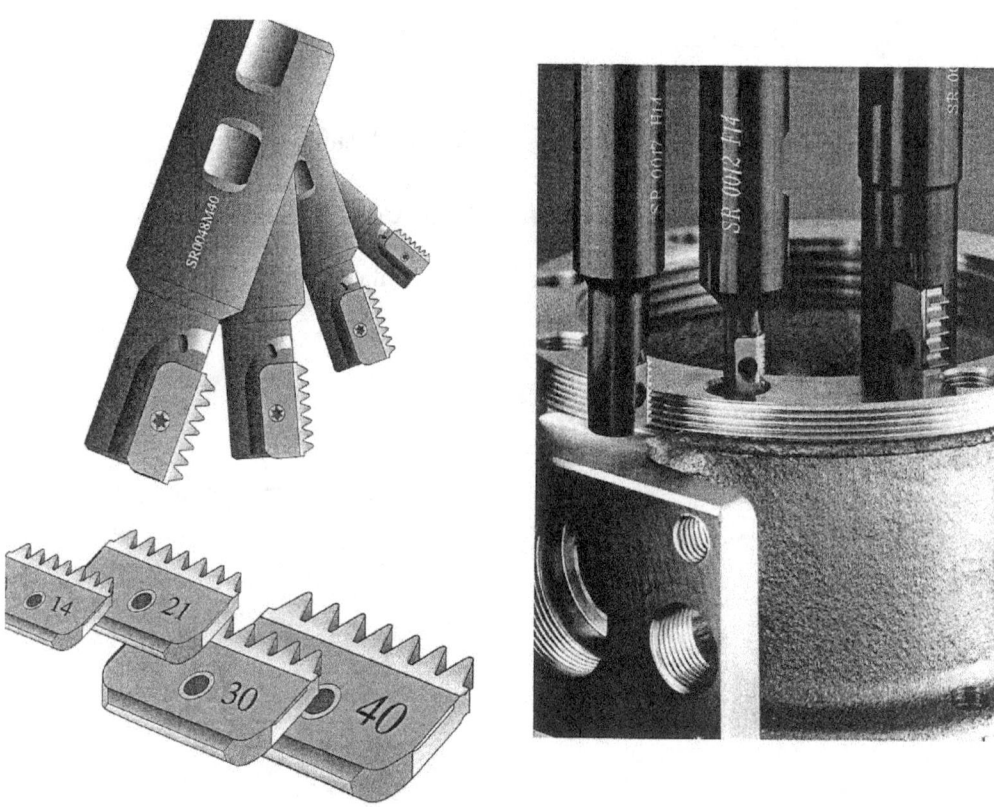

Elenchiamo alcuni vantaggi più significativi ottenibili con questa procedura:

- Con lo stesso porta-utensile e lo stesso inserto si possono produrre sia filettature destre che filettature sinistre.
- Con un unico porta-utensile e lo stesso inserto si può produrre il passo desiderato su molti diametri esterni ed interni
- Il filetto è ottenuto con una sola passata
- Aumento della produttività grazie alla aumentata velocità di taglio ed agli inserti in metallo duro multitagliente. Le velocità per filettare acciai sono superiori a 100 m/min
- Minor costo degli utensili rispetto a maschi e filiere

Ad esempio la filettatura interna destra si ottiene con fresatura ascensionale (dal fondo verso l'alto) mentre con il movimento di discesa dall'alto verso il basso si ottiene la filettatura sinistra. Esattamente l'inverso se operiamo per ottenere un filettatura esterna anziché interna.

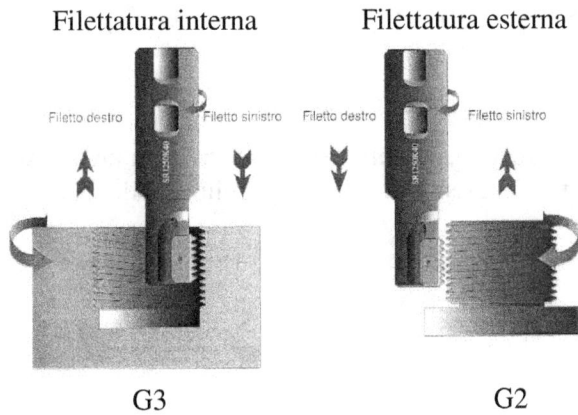

Filettatura interna	Filettatura esterna
G3	G2

ESEMPIO: Programma per l'esecuzione di una filettatura interna M32x2
 Profondità della filettatura 18mm
CORPO FRESA: SR0021 H21 (SR sistema a vite; 0021 diametro di taglio 21mm;
 H21 indica la dimensione per la sede dell'inserto)
INSERTO : 21 I 2.0 ISO (21mm lunghezza inserto; I per interni; 2mm passo;
 filettatura ISO)
PREFORATURA: diametro 29,835 (dalle tabelle filettature a passo fine)

$$A = \frac{D_0 - D}{2} = \frac{32 - 21}{2} = 5.5mm \qquad \frac{A}{2} = 2.75$$

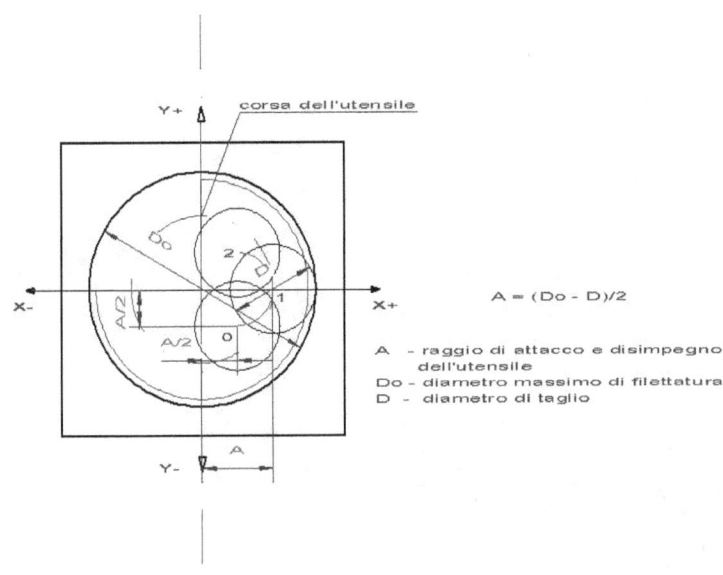

N05 G54
N10 M6 T10 H19 G43 M3
N15 G0 X0 Y0 Z10 S2500
N20 G0 Z-18

```
N25   G91 G1 G41 D1 X2.75 Y-2.75 F85
N30   G3 X2.75 Y2.75 R2.75 Z0.25  (interpolazione elicoidale Z=1/8 del passo)
N35   G3 X0 Y0 I-5.5 J0 Z2
N40   G3 X-2.75 Y2.75 R2.75 Z0.5
N45   G1 G40 X-2.75 Y-2.75 Z0
N50   G0  X0 Y0 Z10
N55   M30
```

Naturalmente gli inserti sono disponibili per l'esecuzione di un qualsiasi tipo di filetto, abbiamo riportato a titolo di esempio, un estratto delle tabelle da catalogo Carmet per il profilo ISO.

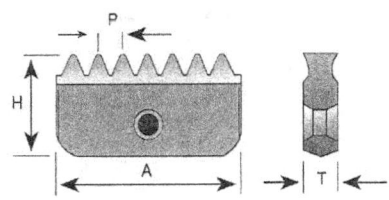

		DIMENSIONE DELL'INSERTO = A				
Passo mm		12 mm	14 mm	21 mm	30 mm	40 mm
0.5	Esterno					
	Interno	∗ 12 I 0.5 ISO	14 I 0.5 ISO			
0.75	Esterno		14 E 0.75 ISO			
	Interno	∗ 12 I 0.75 ISO	14 I 0.75 ISO			
1.0	Esterno		14E 1.0 ISO	21E 1.0 ISO		
	Interno	∗ 12 I 1.0 ISO	14 I 1.0 ISO	21 I 1.0 ISO		
1.25	Esterno		14E 1.25 ISO			
	Interno	∗ 12 I 1.25 ISO	14 I 1.25 ISO			
1.5	Esterno		14E 1.5 ISO	21E 1.5 ISO	30E 1.5 ISO	40E 1.5 ISO
	Interno	∗ 12 I 1.5 ISO	14 I 1.5 ISO	21 I 1.5 ISO	30 I 1.5 ISO	40 I 1.5 ISO
1.75	Esterno		14E 1.75 ISO			
	Interno		14 I 1.75 ISO	21 I 1.75 ISO		
2.0	Esterno		14E 2.0 ISO	21E 2.0 ISO	30E 2.0 ISO	40E 2.0 ISO
	Interno		14 I 2.0 ISO	21 I 2.0 ISO	30 I 2.0 ISO	40 I 2.0 ISO
2.5	Esterno		14E 2.5 ISO	21E 2.5 ISO		
	Interno		14 I 2.5 ISO	21 I 2.5 ISO		
3.0	Esterno			21E 3.0 ISO	30E 3.0 ISO	40E 3.0 ISO
	Interno			21 I 3.0 ISO	30 I 3.0 ISO	40 I 3.0 ISO
3.5	Esterno				30E 3.5 ISO	
	Interno			21 I 3.5 ISO	30 I 3.5 ISO	40 I 3.5 ISO
4.0	Esterno				30E 4.0 ISO	40E 4.0 ISO
	Interno				30 I 4.0 ISO	40 I 4.0 ISO
4.5	Esterno					
	Interno				30 I 4.5 ISO	40 I 4.5 ISO
5.0	Esterno					40E 5.0 ISO
	Interno					40 I 5.0 ISO
5.5	Esterno					
	Interno					40 I 5.5 ISO
6.0	Esterno					40 E 6.0 ISO
	Interno					40 I 6.0 ISO

H mm	6.3	7.5	12	16	20
T	2.9	3.1	4.7	5.5	6.3

∗ Inserti con un solo tagliente.

ESEMPIO DI ORDINE: 30 INSERTI 14 I 1.5 ISO MT7

PROGRAMMA C.N.C.

UTENSILE T1 FRESA D. 60 mm
UTENSILE T2 FRESA D. 40 mm

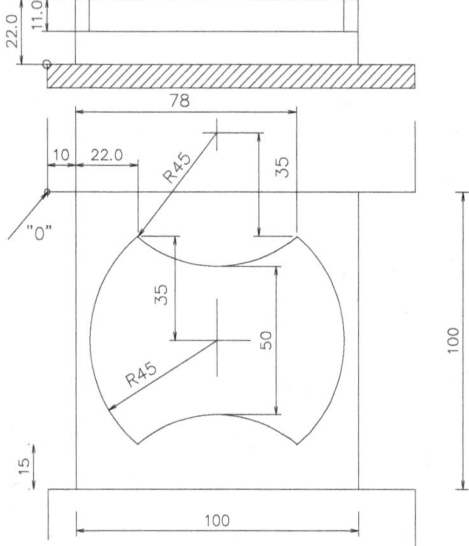

N05 G54 (X10 Y-100 Z-21)
N10 T1 H1 M6 G43 M3
N15 F150 S400
N20 G0 X-32 Y25 Z0
N25 G1 X132
N30 G0 Y75
N35 G1 X-32
N40 G0 Z50
N45 G49
N50 T2 H3 M6 G43 M9
N55 G0 X-21 Y50 Z0.5
N60 G1 Z0
N65 M98 P040050
N70 G49
N75 G0 Z50
N80 M30

SOTTOPROGRAMMA (0050)
N05 F160 S1000
N60 G1 X5 Y50 G41 H4
N10 G1 Z-2.5 G91
N15 G90
N20 G2 X22 Y85 I45 J0
N25 G3 X78 Y85 I28 J35
N30 G2 X78 Y15 I-28 J-35
N35 G3 X22 Y15 I-28 J-35
N40 G2 X5 Y50 I28 J35
N45 G0 G40 X-21
N50 M99

Ciclo di fresatura

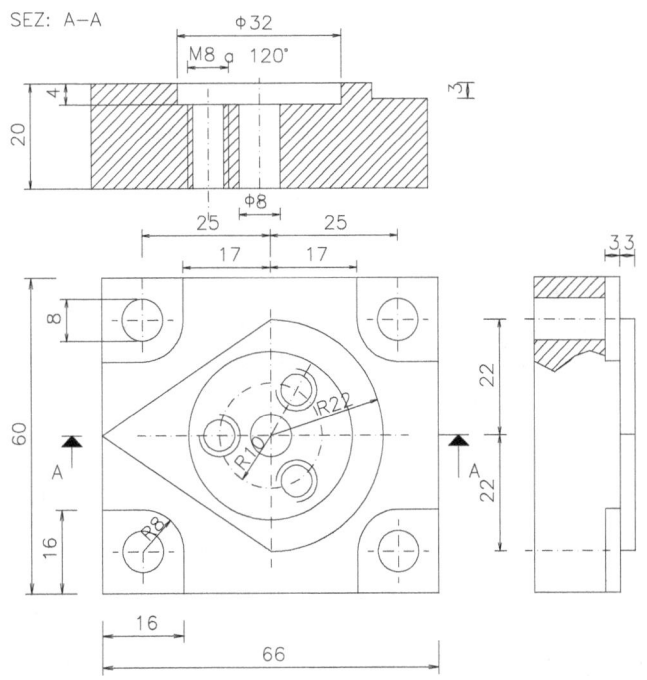

10 – Operazione di spianatura   Fresa φ 20
20 - Operazione di cortornatura   Fresa φ 20
30 - Operazione di svuotatura centrale Fresa φ 20
40 - Operazione di svuotatura spigoli   Fresa φ 16
50 - Operazione di foratura   Fresa φ 8
60 - Operazione di premaschiatura   Punta φ 6.75
70 - Operazione di maschiatura   Maschio M8

N05 G54 (X8 Y-60 Z9)
N10 T1 M6 H1 H11 G43 M3
N15 S800 F150
N20 G0 X-11 Y6 Z0
N25 G1 X71
N30 G0Y22
N35 G1 X-11
N40 G0 Y38
N45 G1 X71
N50 G0 Y54
N55 G1 X-11
N60 G0 Z10
N65 X33 Y-11 Z-3
N70 G1 G42 H2 Y8
N75 G3 X33 Y52 I0 J22
N80 G1 X0 Y30

```
N85 X33 Y8
N90 G40
N95 G0 Z1
N100 X33 Y24
N105 G1 Z-4 F40
N110 G2 X33 Y24 I0 J6 F150
N115 G0 Z100 G49
N120 T2 M6 H3  G43 M3
N125 S1000 F150
N130 G0 X-9 Y8 Z-6
N135 G1 X8
N140 Y-9
N145 G0 X58
N150 G1 Y8
N155 X75
N160 G0 Y52
N165 G1 X58
N170 Y69
N175 G0 X8
N180 G1 Y52
N185 X-9
N190 G0 Z100 G49
N195 T3 M6 H5  G43 M3
N200 S 1500 F50
N205 G83 X8 Y8 Z-21 R-5 Q4 K1 G98
N210 X58
N215 Y52
N220 X8
N225 X33 Y30
N230 G80
N235 G0 Z100 G49
N240 T4 M6 H7 G43 M3
N245  F30
N250 G83 X23 Y30 Z-23 R-3 Q4 K1 G99
N255 X38 Y38,66
N260 Y21,34
N265 G80
N270 G0 Z100 G49
N275 T5 M6 H9 G43 M3
N280  S100 F1,25
N285 G84 X23 Y38 Z-21 R-3 P1000 K1 G99
N290 X38 Y38,66
N295 Y21,34
N300 G80
N305 G0 Z100 G49
N310 M30
```

Grezzo di partenza: Piastrina 104x42x15 spianata
Con la fresa T1 diametro 14 mm si eseguono la scontornatura e il foro centrale di diametro 30 mm
Con la fresa T2 diametro 6 mm si eseguono le asole

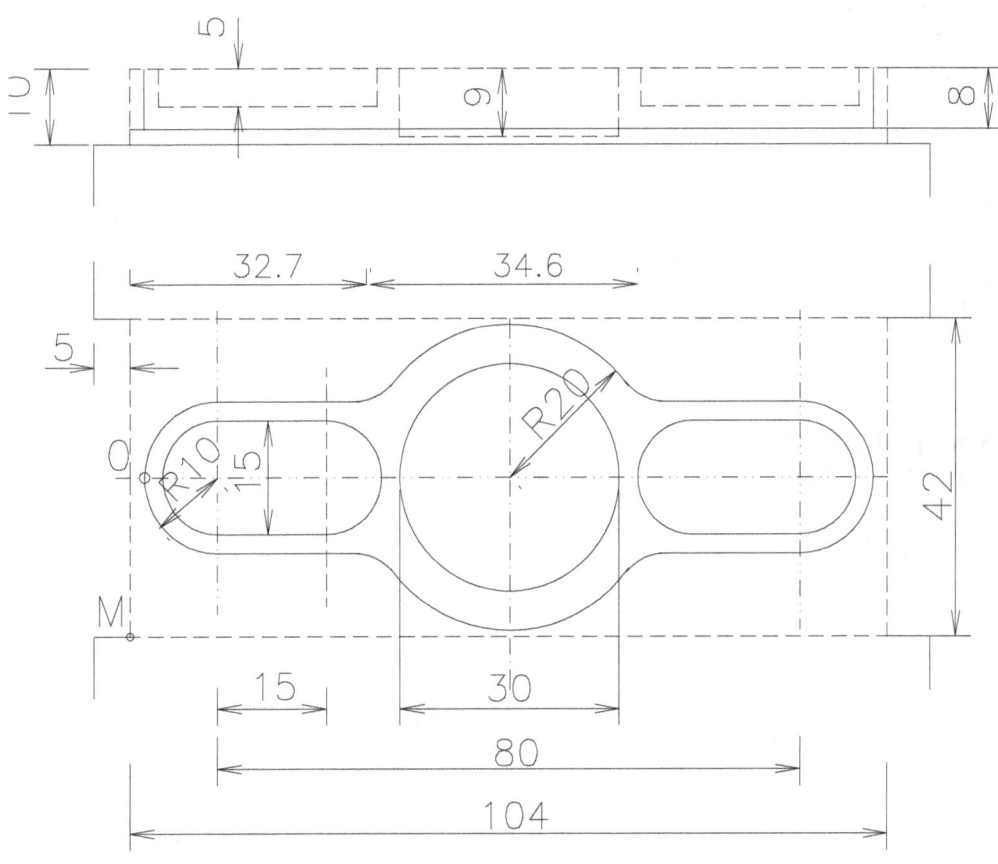

N05 G54   (X5 Y-21 Z10)
N10 M6 T1 H1 G43 M3
N15 F120 S800
N20 G0 X-12Y0
N21 Z-8
N25 G1 G41 H2 X0 Y0
N30 G2 X10 Y10 I10 J0
N35 G1 X32.7
N40 G2 X67.3 Y10 R20
N45 G1 X90
N50 G2 X90 Y-10 I0 J-10
N55 G1 X67.3
N60 G2 X32.7 Y-10 R20
N65 G1 X10
N70 G2 X0 Y0 I0 J10
N75 G0 Z100 G40 G49

```
N80 M6 T2 H3 G43 M3
N85 G0 X10 Y0 Z0.5
N90 G1 Z-5
N95 X25
N100 Y4.5
N105 G2 X25 Y-4.5 I0 J-4.5
N110 G1 X10
N115 G2 Y4.5 I0 J4.5
N120 G1 X25
N125 G0 Z5
N130 X90 Y0 Z0.5
N135 G1 Z-5
N140 X75
N145 Y4.5
N150 X90
N155 G2 Y4.5 I0 J-4.5
N160 G1 X75
N165 G2 Y4.5 I0 J4.5
N170 G1 X90
N175 G0 Z100 G49
N180 M6 T1 H1 G43 M3
N185 G0 X50 Y0 Z0.5
N190 G1 Z-9
N195 G41 H2 Y15
N200 G2 X50 Y15 I0 J-15
N205 G0 G40 Z100 G49
N210 M30
```

Utensili: T1 φ 24 mm
          T2 φ 8 mm

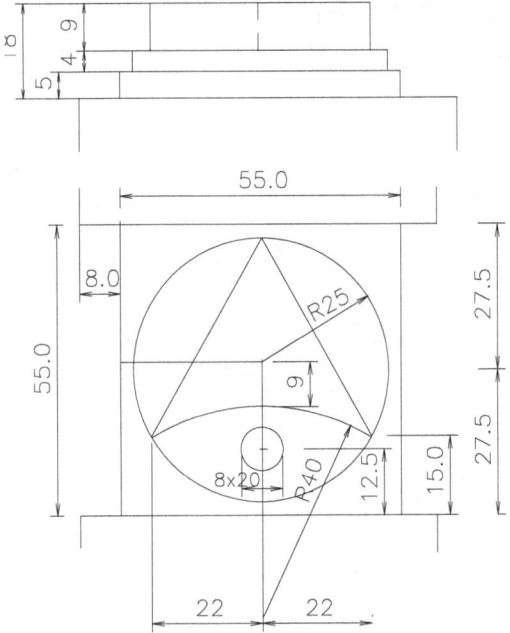

N05 G54 (X8 Y-55 Z18)
N10 M6 T1 H1 G43 M3
N15 F100 S 500
N20 G0 X-13 Y-13 Z0
N25 G1 G41 H2 X2.5 Y27.5
N30 M98 P040040
N35 G0 G40 Z2
N40 G0 X27.5 Y-13 Z0
N45 G1 G41 H2 X27.5 Y18.5
N50 M98 P030050
N55 G0 Z100 G40 G49
N55 T2 H3 G43
N60 S1400 F30
N65 G83 X27.5 Y12.5 Z-20 R1 K1 Q5 G99
N70 M30

0040
N05 G1 Z-3.25 F30
N10 G2 X2.5 Y27.5 I25 J0 F180
N15 M99

0050
N05 G1 Z-3 F30
N10 G3 X5.5 Y15 I0 J-40 F180
N15 G1 X27.5 Y52.5
N20 X49.5 Y15
N25 G3 X27.5 Y18.5 I-22 J-36.5
M99

Spianare ed eseguire gola e fresatura d'angolo:

-utensile per spianare e fresare in angolo T1 40 mm
-utensile per gola T2 12mm

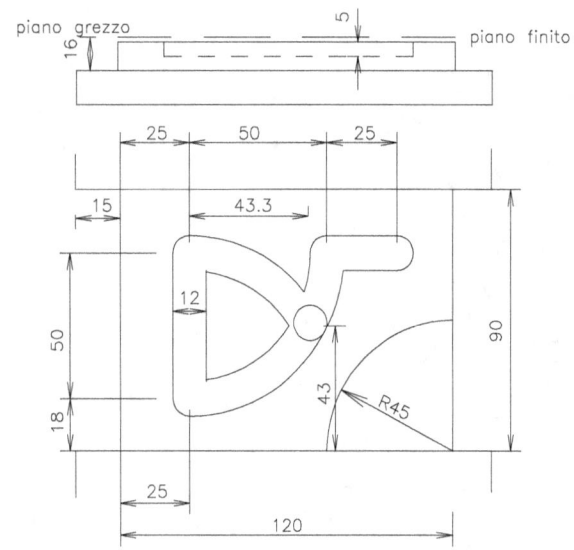

N05 G54 (X15 Y-90 Z15.5)
N10 M6 T1 H1 G43 M3
N15 F150 S300
N20 G0 X-21 Y15 Z0
N25 G1 X141
N30 G0 Y50
N35 G1 X-21
N40 G0 Y85
N45 G1 X141
N50 G0 Z10
N55 X120 Y0
N60 G1 Z-5 F30
N65 G1 X95 Y0 F120
N70 G2 X120 Y25 I25 J0
N75 G0 Z100 G49
N80 M6 T2 H3 G43
N85 F100 S1200
N90 G0 X100 Y68
N95 G1 Z-5 F30
N100 G1 X75 F120
N105 G2 X25 Y18 I-50 J0
N110 G1 Y68
N115 G2 X68.3 Y43 I0 J-50
N120 G0 Z100 G49
N125 M30

Eseguire la lavorazione della piastra in alluminio a disegno con gli utensili:

- T1 fresa per spianatura dia. 40 mm
- T3 fresa cilindrica dia. 5 mm
- T4 fresa cilindrica dia. 10 mm
- T6 fresa cilindrica dia. 6 mm

il ciclo è stato eseguito in macchina quindi la programmazione è reale. Vi son anche alcune righe di commento che è molto utile inserire per capire meglio come viene eseguito il ciclo

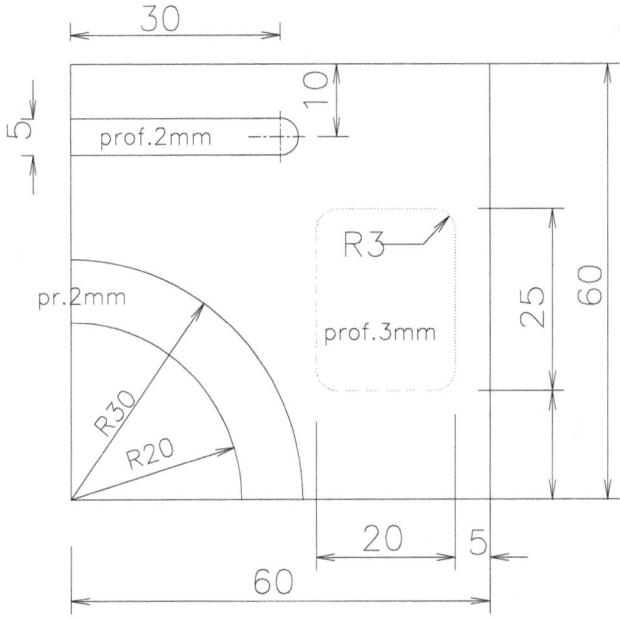

I valori dello 0 Offset 1 rispetto all'offset di base 0 (angolo morsa) sono nei parametri F12+F5+F6 (work) e valgono x-12.5 y-60 z10.

```
N5   (lav.ne piastra alluminio)
N10  G54
N15  (spianatura con fresa d.40mm)
N20  T1  M6 M3 G43 H1
N25  S600 F200
N30  G0 X-25 Y45 Z5
N35  Z0
N40  G1 X85
N45  G0 Y15
N50  G1 X-22
N55  G0 Z70 M5
N60  (esecuzione arco)
N65  G54
N70  (fresa cilindrica dia 10mm)
N75  T4 M6 G43 H7 M3
N80  S1800 F180
N85  G0 X-8 Y25 Z2
```

```
N90  Z-2
N95  G1 X0
N100 G2 X25 Y0 R25
N105 G1 Y-8
N110 G0 Z3
N115X49 Y34
N120 G1 Z-3 F30
N125 Y21
N130 X41
N135 Y34
N140 X49
N145 G0 Z50 M5
N150 (fresa cilindrica dia 6mm)
N155 G54
N160 T6 M6 G43 H11 S 2000 F150 M3
N165 G0 X45 Y30 Z3
N170 G1 Z-3
N175 X38 Y37
N180 X52
N185 Y18
N190 X38
N195 Y37
N200 G0 Z50 M5
N205 G54
N210 ( fresa cilind. dia 5 mm)
N215 T3 M6 G43 H5 M3
N220 S2000 F150
N225 G0 X-5 Y50 Z3
N230 Z-3
N235 G1 X30
N240 G0 Z50
N245 M30
```

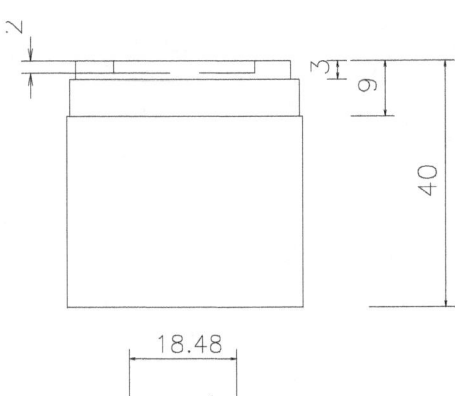

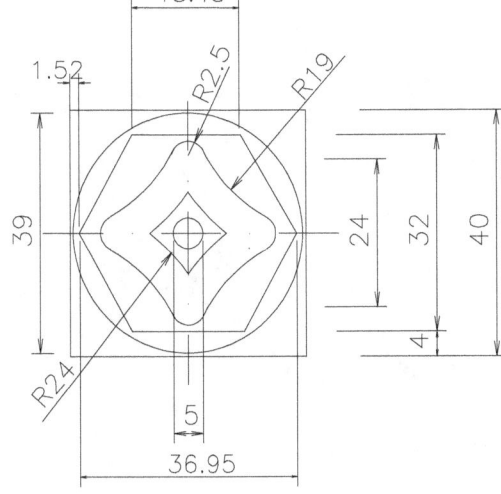

N05 (lavorazione quadro con cornice)
N10 G55 (X0 , Y-40, Z9)
N15 (spianatura)
N20 M6 T8 (fresa Φ 40mm) G43 H15 M3
N25 S400 F100
N30 G0 X-21 Y5
N35 Z0
N40 G1 X61
N45 G0 Y35
N50 G1 X-21
N55 G0 Z50 G49
N60 M6 T5 (fresotto Φ 10mm) G43 H9 M3
N65 S1600 F120
N70 G0 X-6 Y20
N75 Z-3
N80 G41 H10 G1 X0.5
N85 G2 X0.5 Y20 I19.5 J0
N90 G0 G40 X-6
N95 Z-6
N100 G1 X0.5 G41 H10
N105 G2 X0.5 Y20 I19.5 J0
N110 G0 G40 X-6
N115 Z-9
N120 G1 X0.5 G41 H10
N125 G2 X0.5 Y20 I19.5 J0

```
N130 G0 G40 X-10 Y-10
N135 Z-3
N140 X20 Y-6
N145 G1 G41 H10 Y4
N150 X10.76
N155 X1.52 Y20
N160 X10.76 Y36
N165 X29.24 Y36
N170 X38.48 Y20
N175 X29.24 Y4
N180 X20
N185 G0 G40 Y-10
N190 Z50 G49
N195 M6 T3 (fresotto Φ 5mm) G43 H5 M3
N200 G0 X20 Y8
N205 G1 Z-2 F40
N210 G3 X8 Y20 R21.5 F120
N215 G3 X20 Y32 R21.5
N220 G3 X32 Y20 R21.3
N225 G3 X20 Y8 R21.5
N230 G0 Z30
N235 G83 X20 Y20 Z15 R1 Q3 K1 F40 G98
N240 G49 M30
```

Si voglia eseguire il pezzo in allumino sottostante in cui l'esagono è iscritto nel cerchio il quale sia al centro di un quadrato di lato 40mm.
A tale scopo si sceglie lo zero pezzo al centro della figura. Lo zero macchina è trasferito nell'angolo fisso della morsa e il pezzo è allineato con le ganasce e fuoriesce dalle stesse di 20.7mm circa

Ciclo di lavoro:

a – spianatura con fresa T8 (φ40mm)
b – contornatura quadra lato 40mm profonda 15mm con T6 (φ12)
c – contornatura circolare diametro 40mm profonda 10mm con T6 (φ12)
d – contornatura esagonale con T6 (φ12mm)

Le fasi di programmazione possono così riassumersi:

1 – richiamo impostazioni origine punto "0" pezzo
2 – scelta dell'utensile
3 – impostazioni parametri tecnologici di lavorazione
4 – avvicinamento utensile
5 – lavorazione
6 – allontanamento

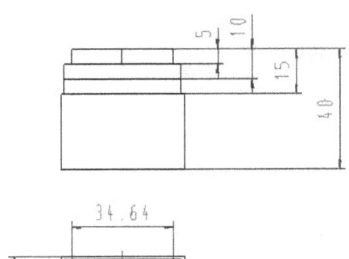

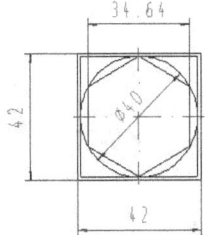

N05 G57 (X-20.5 Y-20.5 Z20)
N10 M6 T8 G43 H15 G17
N15 S500 F120 M3
N20 G0 X42 Y-12 Z2
N25 G1 X-42
N30 G0 Y10
N35 G1 X42
N40 G0 Z40 G49
N45 M6 T6 G43 H11
N50 S1600 F150 M3
N55 G0 X30 Y0 Z2
N60 Z0
N65 M98 P030011
N70 G0 Z0
N75 M98 P050012
N80 G0 Z-5
N85 G1 G42 H12 X17.32
N90 G16 X20 Y30 (coordinate polari)
N95 Y90
N100 Y150
N105 Y210
N110 Y270
N115 Y330
N120 G15 G1 X17.32
N125 G0 Z40 G49
N130 M30

Sottoprogramma 0011 (quadrato)
N5 G91 G0 Z-5
N10 G90 G1 G42 H12 X20
N15 Y20
N20 X-20

Sottoprogramma 0012 (circolare)
N5 G91 G0 Z-2
N10 G90 G42 G1 H12 X20
N15 G3 X20 Y0 I-20 J0
N20 G0 G40 X30

N25 Y-20
N30 X20
N35 Y0
N40 G0 G40 X30
N45 M99

N25 M99

4.0 *Programmazione Tornio CNC*

Il tornio a C.N.C. oltre a possedere le caratteristiche generali delle macchine a controllo numerico illustrate precedentemente, nella sua continua evoluzione presenta altre importanti proprietà quali:

- Grande flessibilità di lavorazione con utensili più disparati, alcuni di questi sono motorizzati, così da consentire di ottenere su un tornio fresature e forature radiali senza dover spostare i pezzi da una macchina all'altra. Attrezzare un tornio con utensili motorizzati ha certamente un costo (circa € 5000 a stazione) ma presenta innegabili vantaggi.

- Nei torni a CNC più evoluti si è affermato il doppio mandrino, uno possiede solo il moto di rotazione e l'altro contrapposto possiede anche il moto di avanzamento lungo l'asse z in modo da permettere il passaggio del pezzo da un mandrino all'altro per lavorarlo su entrambe le facce. Questi torni possiedono in genere due torrette portautensili che oltre a ruotare ed avanzare lungo l'asse z possono anche scorrere su slitte trasversali.

4.1 *Punti di riferimento*

Gli zeri caratteristici sono collocati sull'asse del mandrino, lo zero macchina è un punto fisso stabilito dal costruttore, in genere sulla flangia terminale del mandrino; lo zero griffe dista dalla zero macchina di una lunghezza L.

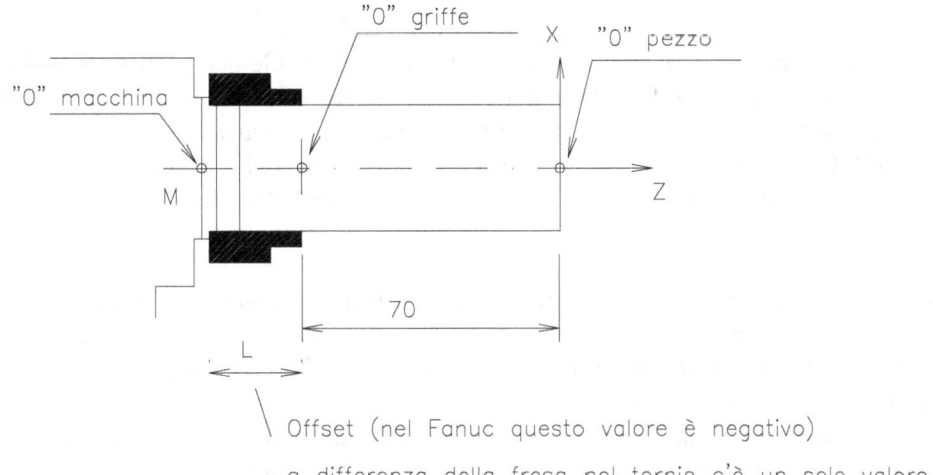

"0" griffe

X   "0" pezzo

"0" macchina

M

Z

70

L

Offset (nel Fanuc questo valore è negativo)
a differenza della fresa nel tornio c'è un solo valore

Dallo zero macchina allo zero griffe si va dal controllo macchina col registro interno.
Dallo zero griffe allo zero pezzo ci andiamo all'interno del programma con la funzione G92
che è l'analoga della G52 sulla fresa.

N05 G92 W-70 (Fanuc vuole il valore negato)

Da notare che anche nel tornio si hanno a disposizione quattro registri per memorizzare
altrettanti differenti zero offset. Una volta immesso lo zero nel registro, quest'ultimo può
essere richiamato all'interno del programma (G54-57) e lo zero delle coordinate viene
traslato dallo zero macchina allo zero pezzo. Lo zero pezzo può a sua volta essere spostato
all'interno del programma con gli zero offset programmabili G58 e G59.

La posizione dello zero sulla superficie sfacciata è la più comoda per la programmazione.
Talora, quando si lavora a griffe rovesciate, e il pezzo è montato a battuta contro queste, lo
zero può essere convenientemente scelto sulla superficie di battuta.

Avvicinamento al punto di riferimento G28

Con G28 verrà raggiunto il punto di riferimento passando per una posizione intermedia
(X,Y,Z,). Ci sarà prima un movimento a X,Y,Z, e successivamente l'avvicinamento al
punto di riferimento. Entrambi i movimenti avvengono in G0. Lo spostamento G92 verrà
cancellato.
Non è necessario usare questa funzione.

4.2 Registro correzione utensili sul tornio

La funzione T serve per attivare il cambio utensile del tornio a CNC, in altre parole la
funzione T abbinata ad un numero da 1 a n (n-numero massimo del dispositivo portautensili)
attiva la traslazione dell'utensile in una appropriata zona di cambio e la rende effettivamente
disponibile (non occorre M6 come nella fresa).

Esempio: **T02 02**

- le prime due cifre individuano la posizione dell'utensile dell'utensile **2** (sulla torretta)
- la terza e la quarta cifra individuano la correzione della geometria e dell'usura dell'utensile (quest'ultima non c'è nel simulatore). Questi dati vengono immessi nell' OffSet Wear ed è qui che si effettuano le correzioni dei dati utensili se immessi in modo impreciso o se si vuole correggere l'usura dell'utensile.

La posizione del tagliente dell'utensile viene indicata attraverso un indice secondo lo schema di posizionamento. Bisogna considerare l'utensile come viene serrato nella macchina, per determinare la posizione del tagliente. Occorre osservare la posizione del tagliente dalla testa della macchina.
Per macchine nelle quali l'utensile è al di sotto (davanti) al centro di rotazione si devono usare i valori tra parentesi a causa della inversione della direzione +X.

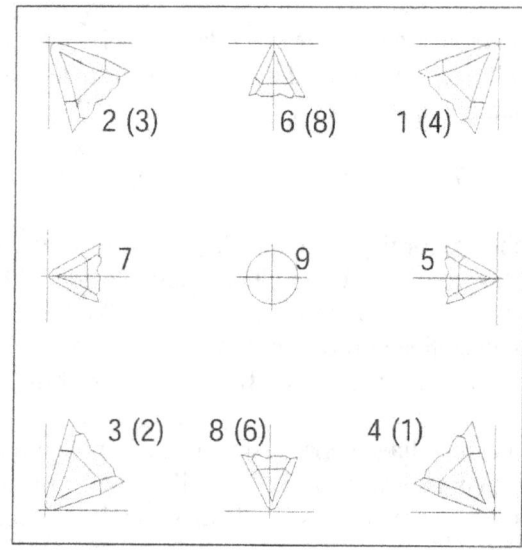

Registro di correzione utensili: si associa il n° di registro 2 all'utensile in posizione 2 sulla torretta per una facile memorizzazione.

02	X	Z	R	T
registro	quota	quota	raggio	posizione

Le quote X e Z sono date rispetto al punto zero utensile stabilito dal costruttore.

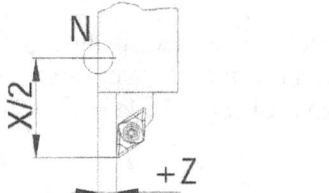

N – è lo "0" utensile

Il presetting degli utensili è una operazione importante per evitare errori durante le lavorazioni, è assolutamente necessario impostare manualmente il raggio dell'utensile per lavorare con la compensazione. I raggi degli inserti commerciali variano fra 0.4 e 1.6mm. Le misure dell'utensile vengono rilevate otticamente , eseguendo una collimazione fra punta del tagliente e mirino del collimatore

Punta di riferimento per
il controllo
è il punto preso a riferimento per la
valutazione dello spostamento

UTENSILI	X	Z	R	T(posizione)	Note	Senso rotaz.
T1	0.000	0.000	0.000	0		
T2	15.896	6.162	0.200	3	finitore	M3
T3	2.989	-4.070	0.200	8	simmetrico	M4
T4	0.000	55.277	0.000	7	punta Φ 10	M3
T5	21.086	0.978	0.100	8	filett.esterno passo1.75(max)	M3
T6	12.769	32.469	0.200	3	finitore interno	M4
T7	0.000	0	0.000	0	vuoto	
T8	14.639	6.260	0.100	3	troncatore	M4

4.3 *Istruzioni di programmazione*

Premettiamo che nei torni usualmente la velocità di avanzamento "**F**" è espressa in mm/g ossia è programmato l'avanzamento (G95), solo se vogliamo passare a mm/m occorre attivare la G94. Quest'ultima è utilizzata nei torni dove è possibile realizzare lavorazioni a mandrino fermo con utensili motorizzati .

La velocità di taglio "**S**" è invece espressa in m/m ossia è veramente la velocità di taglio. In genere si programma la velocità di taglio costante G96, in tal caso i giri cambiano automaticamente cambiando il diametro, ovviamente nella operazione di stacciatura i giri si arrestano ad un valore massimo previsto dal costruttore. Se si vuol lavorare a giri costanti si programma G97.

Le funzioni G90 programmazione assoluta e G91 programmazione relativa hanno le stesse caratteristiche di impiego già viste sulla fresatrice.
Anche la funzione G4 – tempo di sosta ha lo stesso utilizzo gia visto.

4.3.1 *Movimento rapido G00*

Sintassi: N.....G0 X.....W.....

Le slitte vengono traslate alla massima velocità sul punto di destinazione programmato o sul previsto punto di cambio utensile. La velocità di spostamento rapido è caratteristica della macchina ed è stabilita dal costruttore.

Nell'esempio sotto abbiamo preso lo zero pezzo in uno dei due modi consigliati in precedenza.

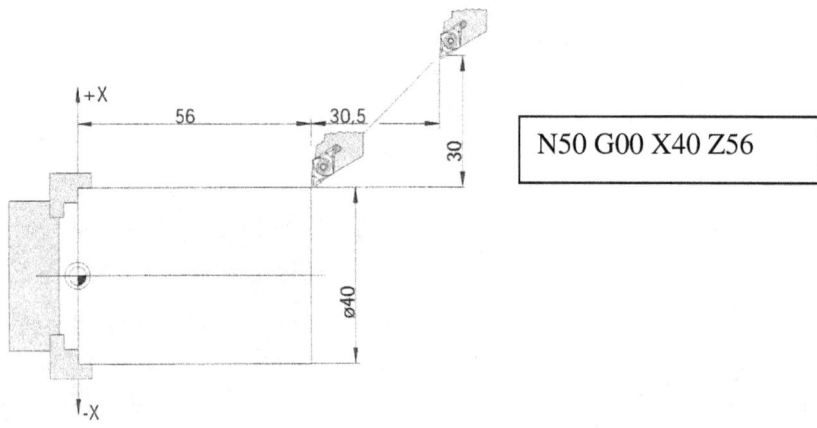

N50 G00 X40 Z56

meglio programmare qualche decimo in più su Z, perché alcuni controlli in rapido sulla misura esatta segnalano collisione.

4.3.2   *Movimento di lavoro G01*

Sintassi: N....G01 X....W.....
La velocità di avanzamento è quella stabilita nel programma con F.....

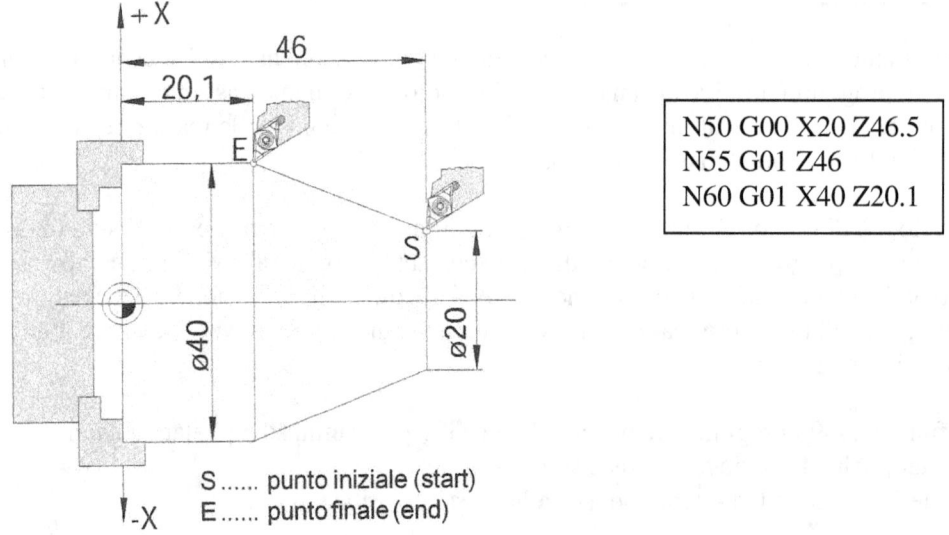

N50 G00 X20 Z46.5
N55 G01 Z46
N60 G01 X40 Z20.1

S ...... punto iniziale (start)
E ...... punto finale (end)

4.3.3 *Interpolazione circolare oraria G2 e antioraria G3*

Sintassi: N.....G2 (G3) X.... Z.....I......K

oppure

N.....G2 (G3) X.....Z.....R......

ove X, Z sono le coordinate finali dell'arco

I, K sono le coordinate relative, rispetto all'inizio dell'arco, del centro
dell'arco stesso

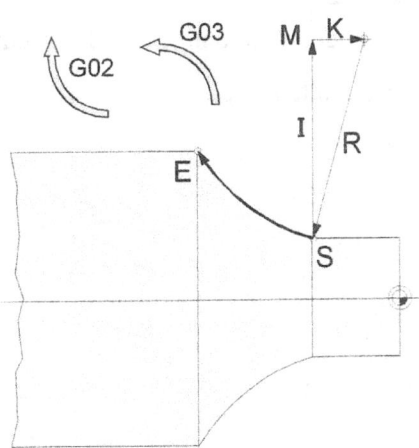

4.3.4 *Compensazione del raggio del tagliente*

Come per la fresatrice con G41 si effettua la compensazione a sinistra del raggio con la
G42 si effetta la compensazione a destra e con G40 si deseleziona la compensazione.

Da notare che nei torni a CNC in genere la torretta degli utensili è dalla parte opposta
rispetto ai torni tradizionali, per cui la tornitura verso il mandrino ha l'utensile a destra
del pezzo, quindi G42.

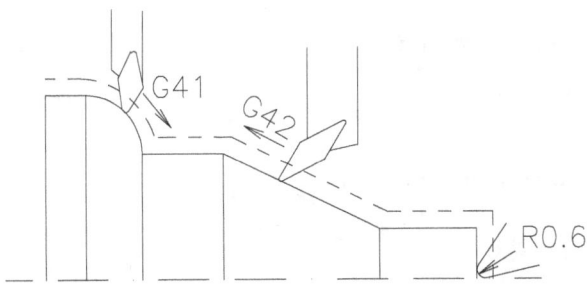

Eccettuate lavorazioni di tornitura cilindrica e di sfacciatura, il profilo ottenuto dall'utensile
corrisponde a quello programmato solo se lo spigolo tra il tagliente principale e quello
secondario è vivo. Gli spigoli degli utensili sono sempre raggiati, per cui nella lavorazione si
verifica un errore di profilo se non si adottano accorgimenti di programmazione. Tali
accorgimenti se fatti dal programmatore implicano calcoli anche complessi ed inutili perdite

di tempo, per cui ormai tutti i controlli adottano la correzione automatica.

Il FANUC usa la funzione di compensazione raggio utensili a sinistra del profilo G41 e la compensazione raggio utensili a destra del profilo G42 per evitare errori nelle lavorazioni coniche, di raggiatura e.di contornatura.

Da notare che nei torni usualmente l'avanzamento è espreso

4.3.5 *Inserimento di smussi e raccordi*

Si possono inserire solo fra funzioni di movimento G0 e G1 esecuzioni di smussi (C) e

raggi (R) con una programmazione molto semplice

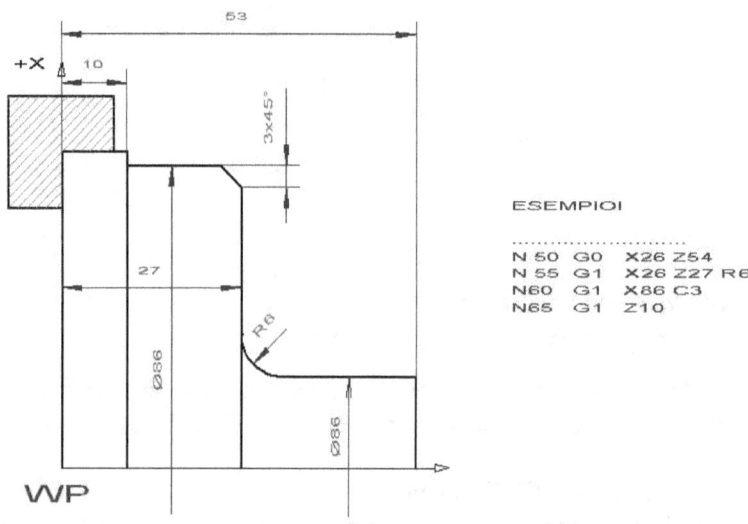

ESEMPIOI

....
N 50 G0   X26 Z54
N 55 G1   X26 Z27 R6
N60   G1   X86 C3
N65   G1   Z10

4.3.6 *Ciclo di filettatura con un'unica passata G33*

N.....G33 X.....Z.......F

X rappresenta il diametro di fondo della filettatura da fare
Z la lunghezza di filettatura
F avanzamento = passo vite

Può utilizzarsi proficuamente con l'uso di inserti multipli. I denti sono profilati in modo tale che il secondo dente penetra di più del primo e se c'è il terzo questo penetra di più del secondo. Soltanto l'ultimo dente ha il profilo di filettatura completo. Le possibilità di impiego sono limitate da:

- occorre uno scarico in corrispondenza della fine della filettatura, in grado di contenere tutta la fila dei denti
- si usa in genere per piccoli passi perché richiede notevoli sforzi di taglio e quindi occorrono condizioni di lavoro con buona rigidità.

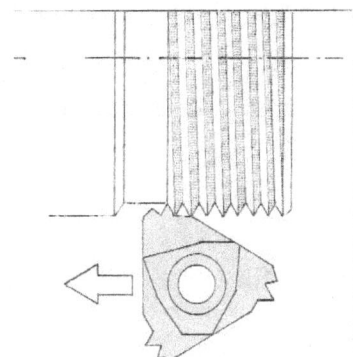

A causa della mancanza del ritorno automatico al punto di partenza, si preferisce il ciclo di filettatura multiplo G78 che consente anche l'utilizzo di inserti monotagliente in quanto realizzato in più passate.

4.3.7 *Ciclo di filettatura multiplo G78*

L'utensile viene posizionato sul punto P_0 (coordinata X uguale al diametro esterno per la vite e diametro interno per la madrevite e coordinata $Z = 2P$ dove P è il valore del passo) Le successive fasi gestite dal ciclo sono:

1. avanzamento rapido per ottenere le profondità di passata sui punti P_1, P_5, P_9 etc. effettuato lungo il fianco del filetto (entrata in scivolata), con valori decrescenti per ottenere passate di eguale sezione
2. tornitura della prima passata fino al punto P_2
3. arretramento rapido fino al punto P_3 di svincolo
4. ritorno rapido al punto P_4
5. avanzamento rapido al punto P_5 per iniziare un'altra passata
6. ripetizione delle fasi precedenti fino al completamento della filettatura

Durante l'esecuzione delle filettature è bene impostare la programmazione con la funzione *G97 (rotazione in giri/min costanti) e non la G96 (velocità in m/min costante) al fine di non variare continuamente il numero di giri per effetto della variazione del diametro*

La funzione G78 è disposta su due blocchi successivi:

N….G78 P…. Q…..R…..
N….G78 X…. Z…. R…. P…. Q…. F….

1° blocco:

- **Pxxxxxx** è un parametro costituito da 6 cifre che hanno un proprio significato prese 2 a 2
   - le prime due cifre di questo parametro definiscono il numero di passate di finitura

(es. 4 passate : 04);
- le seconde due cifre definiscono lo smusso d'uscita $P_F = (F) (PxxXXxx)/10$ vale a dire che se il gruppo delle seconde cifre è 08 e il passo della vite F è 2 lo smusso d'uscita è 1.6
- le terze due cifre rappresentano l'angolo dei fianchi di filettatura se metrica 60

- **Q** rappresenta la profondità minima di taglio (passata) espressa in **micron**
- **R** rappresenta il sovrametallo di finitura qualora si intenda ripassare sopra il filetto altrimenti si pone 0

2° blocco:

- **X** valore del diametro di nocciolo della filettatura (dalle tabelle unificate delle filettature)
- **Z** valore del punto di fine filettatura
- **R** (mm) è uguale a zero se la filettatura è cilindrica
- **P** (micron) profondità del filetto (dalle tabelle)
- **Q** (micron) profondità del primo taglio della prima passata di filettatura
- **F** passo della filettatura

Sintassi (M24x1.5) :

G78 P030560 Q150 R0
G78 X22.160 Z-34 R0 P920 Q300 F1.5

Attenzione in relazione al tipo di posizione dell'utensile sulla torretta occorre impostare il corretto senso di rotazione M3 o M4. Essendo gli utensili in posizioni diverse all'interno di ogni programma occorre cambiare più volte il senso di rotazione.

Esempio
Eseguire la filettatura sul pezzo sotto rappresentato; dalle tabelle il diametro di nocciolo della madrevite è $D_1 = 27.835$mm

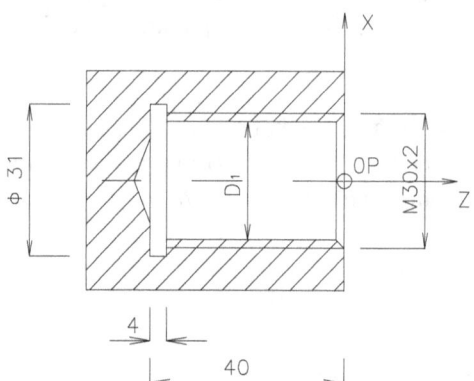

....
N40 T0404 S300 G97

N45 G0 X27.835 Z4
N50 G78 P040860 Q100 R0.4
N55 G78 X30 Z-36 R0 P1227 Q300 F2
N60 G0 X100 Z50 M5

4.3.8 *Ciclo di sgrossatura longitudinale G73*

Si esegue in due blocchi consecutivi, esempio

N45 F0.4 S70 G96
N50 G73 U1.5 R0.2
N55 G73 P60 Q.?. U0.4 W0.1

commento:

N45 F è l'avanzamento di sgrossatura
     S è la velocità di taglio (nel tornio per default la velocità è mt/min)

     G96 gli si dice di lavorare a velocità costante (specie in contornatura)

N50 U rappresenta la profondità di passata ad ogni corsa
     R rappresenta è la ritrazione dell'utensile nella corsa di ritorno

N55 P rappresenta il numero del blocco in cui inizia la definizione del contorno finito
     Q rappresenta il numero del blocco in cui termina la definizione del contorno finito
     U rappresenta il sovrametallo sul diametro
     W rappresenta il sovrametallo in direzione Z (sugli spallamenti)

     Se poniamo U0 e W0 si elimina la passata di finitura che quindi non verrà richiamata.

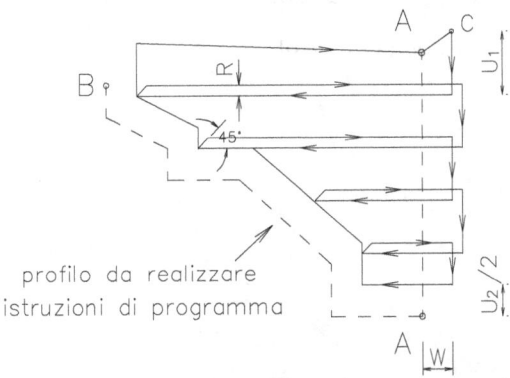

Prima della lavorazione l'utensile è al punto C. Tra i numeri di blocco P e Q viene programmato il contorno A-A'-B che sarà lavorato, ripartendo la lavorazione in base alla profondità di passata U_1, fino a raggiungere il sovrametallo $U_2/2$ (il sovrametallo è sul diametro). W è il sovrametallo sugli spallamenti che viene lasciato per la finitura.

Note:
- il contorno A'-B non deve avere riduzioni di diametro
- il punto iniziale C deve trovarsi fuori dal contorno
- il primo movimento deve essere G00/G01
- tra P e Q non è consentito richiamare sottoprogrammi

4.3.9 *Ciclo di finitura G72*

N....G72 P.... Q.....

P rappresenta il numero del blocco in cui inizia la definizione del contorno finito.
Q rappresenta il numero del blocco in cui termina la definizione del contorno finito

Dopo le sgrossature con G73, G74, G75 il comando G72 permette di eseguire la finitura.
Il contorno programmato tra P e Q, che è stato già utilizzato per la sgrossatura, verrà ripetuto senza suddivisione delle passate e senza sovrametallo.

E' opportuno in questa fase adottare la correzione raggio utensile (G42)

4.3.10 *Ciclo di sgrossatura trasversale o ciclo di sfacciatura G74*

Sintassi: N.....G74 W_1......R......
            N....G74 P.....Q.....U.....W_2 .....F.....S.....T

Dove: W_1 (mm) = è la profondità di taglio in Z
        R   (mm) = rappresenta il disimpegno nel ritorno dell'utensile
        P   = numero del primo blocco per la descrizione del profilo
        Q   = numero dell'ultimo blocco per la descrizione del profilo
        U (mm) = sovrametallo di finitura sul diametro
        W_2 (mm) = sovrametallo di finitura sullo spallamento direzione Z

        F, S ,T avanzamento, velocità , utensile

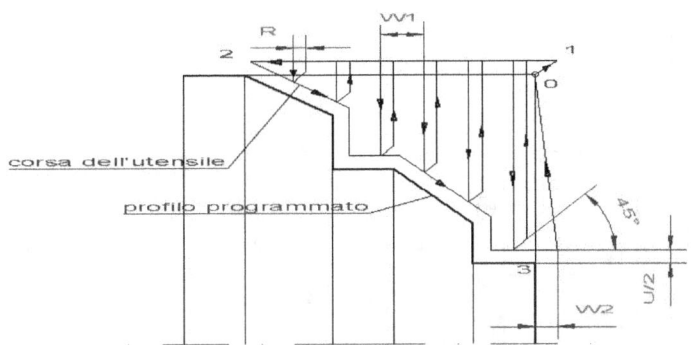

Prima della lavorazione l'utensile si trova sul punto 1. Tra i numeri di blocco P e Q viene programmato un profilo 1-2-3, esso viene eseguito con la corrispondente divisione di taglio fino al sovrametallo di finitura definito con W_2.

Note:
- le funzioni F, S e T tra P e Q vengono ignorate
- il punto 1 , posizione dell'utensile prima del ciclo, deve essere fuori dal profilo.
- Il profilo tra 2 – 3 deve essere programmato in modo decrescente, cioè il diametro deve diminuire
- Il primo spostamento 0 – 1 deve essere programmato in G0 o G1 e deve contenere solo il movimento lungo l'asse Z
- Tra P e Q non è possibile inserire un sottoprogramma

Per chiarire l'applicazione della G74 sviluppiamo un programma:

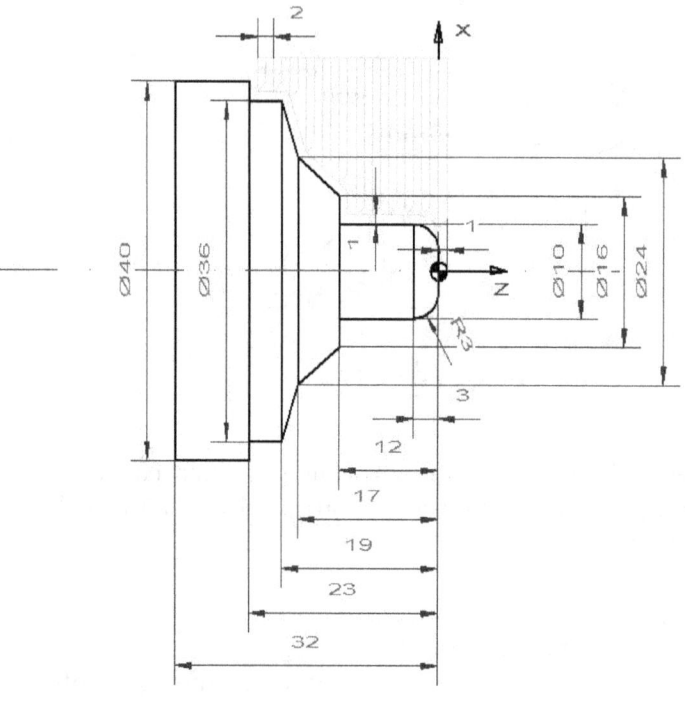

N05 G92 W-40
N10 G0 X45 Z20
N20 T0202
N25 G96 M3 S120
N30 G0 X45 Z2 (punto start per ciclo sfacciatura)
N35 G74 W2 R1
N40 G74 P45 Q85 U1 W1 F0.5
N45 G0 Z-23
N50 G1 X36 Z-23
N55 Z-19
N60 X24 Z-17
N65 X16 Z-12
N70 X10
N75 Z-3
N80 G2 X4 Z0 R3
N85 G1 Z0
N90 G0 X45 Z2 (punto start per finitura)
N95 S 160 F0.1
N100 G72 P45 Q85 (ciclo di finitura)
N105 G0 X45 Z30
N110 M30

4.3.11 *Ciclo di ripetizione percorso G75*

Permette lavorazioni parallele alla forma del pezzo, il percorso verrà spostato passo-passo alle dimensioni del pezzo finito.

E' particolarmente indicato sui pezzi semilavorati (stampaggio, fusione) che hanno già una

forma grezza già predefinita, perché in tal caso utilizzando la G73 si avrebbero molte
passate a vuoto con evidente perdita di tempo.

Formato:
N......G75 U₁....... W₁........ R........
N......G75 P.......Q.......U₂........W₂......F....S....T...

1° blocco   U₁ rappresenta il punto iniziale per il ciclo sull'asse X
           W₁ rappresenta il punto iniziale per il ciclo sull'asse Z
           R   numero di ripetizioni (uguale alla suddivisione del taglio)

2° blocco   i significati degli indirizzi sono analoghi alla G73

       P   =   numero del primo blocco per la descrizione del profilo
       Q   =   numero dell'ultimo blocco per la descrizione del profilo
       U_2 (mm) =   sovrametallo di finitura sul diametro
       W_2 (mm) =   sovrametallo di finitura sullo spallamento direzione Z
       F, S ,T   =   avanzamento, velocità , utensile

Sviluppiamo un esempio:

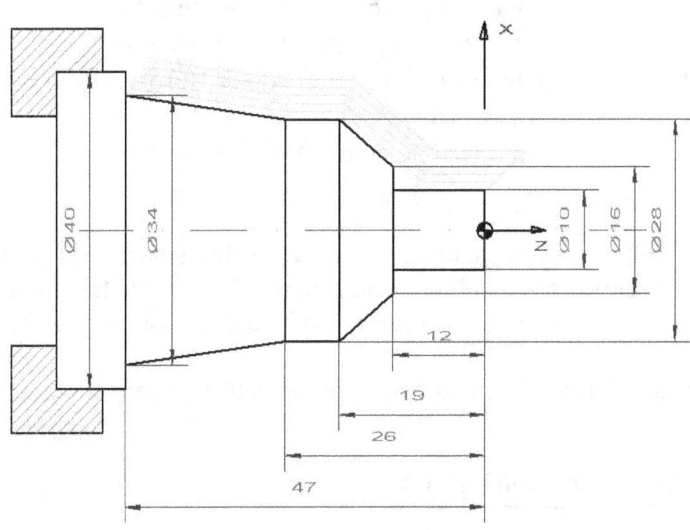

    N05   G92   W-52
    N10   G0 X45 Z20
    N20   T0202
    N25   G96 M3 S120
    N30   G0 X45 Z0
    N35   G X-3
    N40   G0 X45 Z0.5
    N45   G75   U5   W5   R5
    N40   G75   P45 Q75 U1 W1 F0.5
    N45   G0 X10
    N50   G1   Z-12
    N55   X16

```
N60    X28 Z-19
N65    Z-26
N70    X34 Z-47
N75    X40
N80    G0 X45 Z2   (punto start per finitura)
N95    S 160 F0.1
N100   G72 P45 Q75  (ciclo di finitura)
N105   G0 X45 Z30
N110   M30
```

4.3.12 *Ciclo di foratura G83*

Sintassi: N…. G83 X0 Z…..R ....Q.....P.....F.... G98(G99) M…..
            N..... G80

Analogo a quanto visto sulla fresatura:

- G98 (G99) ritiro dell'utensile sul piano di partenza (sul piano di ritiro R)
- X0   posizione foro sull'asse, quindi sempre 0
- Z   profondità di foratura
- R   valore del piano di ritiro dell'utensile
- Q   incremento in profondità della foratura
- P   temporizzazione sul fondo del foro P=1000 = 1 sec
- F   avanzamento
- M   M3 rotazione oraria M4 rotazione antioraria

Se si usa G98 si può omettere R, che invece è obbligatorio con G99
X0 non è necessario se nel blocco precedente l'utensile si trova già sul centro
Se Q non viene specificato la foratura avviene in un solo movimento fino alla quota Z

Essendo la funzione G83 modale al termine della operazione deve essere disattivata con G80

4.3.13 *Ciclo di maschiatura G84*

Sintassi: N…. G84 X0 Z…..R ....P.....F.... G98(G99) M…..
            N..... G80

- G98 (G99) ritiro dell'utensile sul piano di partenza (sul piano di ritiro R)
- X0   posizione foro sull'asse, quindi sempre 0
- Z   profondità di maschiatura
- R   valore del piano di ritiro dell'utensile
- P   temporizzazione sul fondo del foro P=1000 = 1 sec
- F   avanzamento uguale al passo di filettatura
- M   M3 rotazione oraria M4 rotazione antioraria

Il ciclo di maschiatura viene avviato con la funzione M3 o M4 (viti destre e/o sinistre).

Sul punto di destinazione la direzione di rotazione del mandrino viene invertita automaticamente per il ritorno; quando la posizione di partenza è di nuovo raggiunta si ritorna automaticamente alla rotazione originaria.

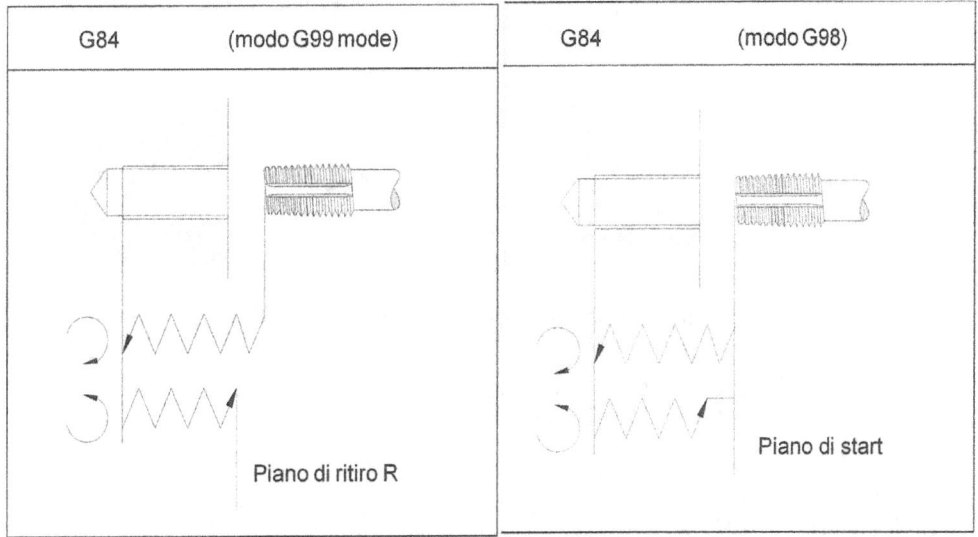

Ciclo di maschiatura con ritiro su piano di start   'iclo di maschiatura con ritiro sul piano di start

4.3.14 *Ciclo di alesatura G85*

Sintassi: N.... G85 X0 Z.....R ....P.....F.... G98(G99) M.....
          N..... G80

- G98 (G99)   ritiro dell'utensile sul piano di partenza (sul piano di ritiro R)
- X0   posizione foro sull'asse, quindi sempre 0
- Z   profondità di alesatura
- R   valore del piano di ritiro dell'utensile
- P   temporizzazione sul fondo del foro P=1000 = 1 sec
- F   avanzamento
- M   M3 rotazione oraria M4 rotazione antioraria

Il ritorno al punto di partenza avviene con velocità d'avanzamento doppia di quella programmata nel blocco G85.

Prima di eseguire il programma del disegno del pezzo assegnato occorre individuare gli utensili per eseguire il ciclo di lavorazione.

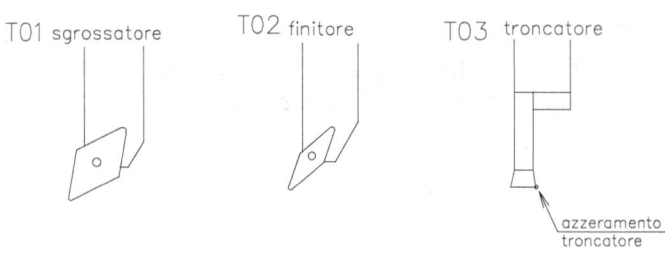

T01 sgrossatore   T02 finitore   T03 troncatore

azzeramento troncatore

DCMM 120404   VCMM 100308   N151.2-400-5E

Primo programma di tornitura con funzioni elementari ISO

- grezzo di partenza: barre trafilate ↓ 45
- sporgenza dallo zero griffe del grezzo 95mm

Operazioni elementari del CICLO:

- 1ª sfacciatura
- 1ª passata di sgrossatura da ↓ 45 a ↓ 35 L=30mm
- 2ª passata di sgrossatura da ↓ 35 a ↓ 25 L=26mm
- 3ª sgrossatura lato diametri decrescenti
- 4ª pretaglio
- 5ª contornatura
- 6ª troncatura

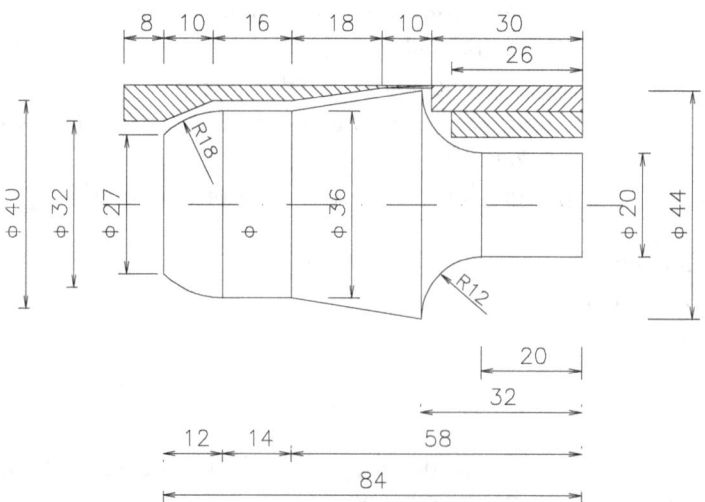

N05 G28
N10 T0101 S70 M4 F0.3 G96
N15 G0 X45.5 Z94

N20 G92 Z0   G92 W-94 (sostituisce il blocco 15 e 20)
N25 G1 X-2
N30 G0 X35 Z1
N35 G1 Z-30
N40 G0 X36 Z1
N45 X25
N50 G1 Z-26
N55 X44.4
N60 Z-40
N65 X40 Z-58
N70 Z-74
N75 X32 Z-84
N80 Z-92
N85 X45
N90 G0 X100 Z100
N95 T0202 F0.1 S120
N100 G0 X20 Z0.5
N105 G1 Z-20
N110 G2 X44 Z-32 I12 K0
N115 G1 X36 Z-58
N120 Z-72
N125 G3 X27 Z-84 I-18 K0
N130 G1 Z-92
N135 X45
N140 G0 X100 Z100
N145 T0303 F0.06 S80
N150 G0 X45 Z-84
N155 X28
N160 G1 X-2
N165 G0 X45 Z1
N170 M30

Secondo Programma di tornitura con funzioni elementari ISO

-   grezzo di partenza: barre trafilate ↓ 35
-   sporgenza dallo zero griffe del grezzo 65mm

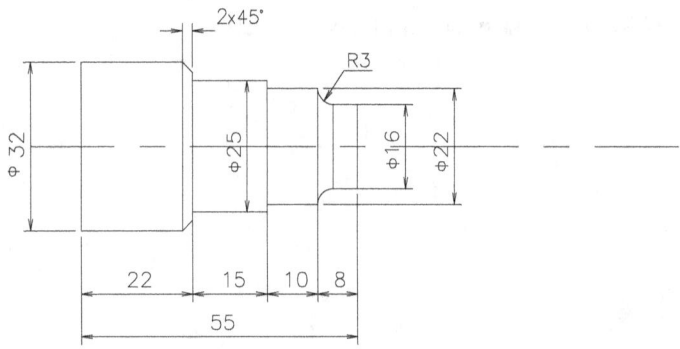

Operazioni elementari del CICLO:
- 1ᵃ sfacciatura - 2ᵃ ciclo di sgrossatura - 3ᵃ ciclo di finitura - 4ᵃ troncatura

```
N05  G28
N10  T0101 S80 M4 F0.3 G96
N15  G0 X36 Z64
N20  G92 Z0
N25  G1 X-2
N30  G0 X32.5 Z1
N35  G1 Z-60
N40  G0 X35 Z1
N45  X25.5
N50  G1 Z-32.6
N55  G0 X27 Z1
N60  X22.5
N65  G1 Z-17.6
N70  G0 X23.5 Z1
N75  G0 X17
N80  G1 Z-5
N85  G0 X100 Z100
N90  T0202 F0.08 S130 M4
N95  G0 X16 Z1
N100 G1 G42 Z-5
N105 G2 X22 Z-8 I3 K0  ( anche R3 al posto di I3 K0)
N110 G1 Z-18
N115 X25
N120 Z-33
N125 X28
N130 X32 Z-35
N135 Z-60
N140 G0 X100 Z100
N145 T0303 F0.08 S80
N150 G0 X33 Z-55
N155 G1 X-2
N160 G0 X100 Z100
N165 M30
```

Terzo programma di tornitura con funzioni elementari ISO

- grezzo di partenza :   barra trafilata ↓ 40 mm
- fermo barra 95 mm dallo zero griffe

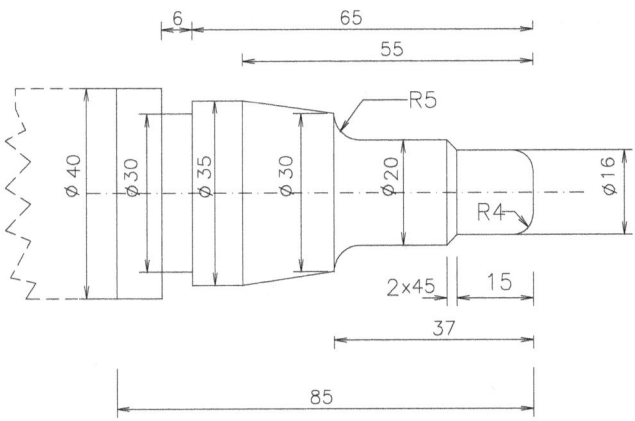

UTENSILI DA IMPIEGARE

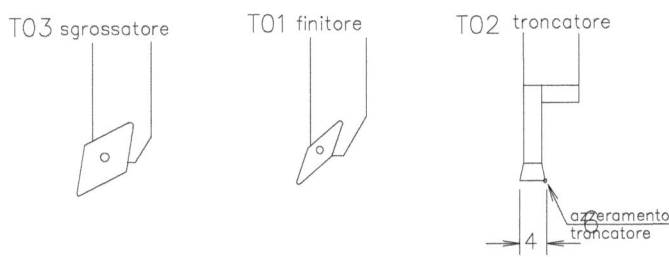

DCMM 120404   VCMM 100308   N151.2-400-5E

N 05   G28
N 10   T03 03
N 15   F0.4 S100 G96
N 20   G0 X41 Z94
N 25   G92 Z0
N 30   G1 X-3
N 35   G0 X36 Z1
N 40   G1 Z-70.5
N 45   G0 X37 Z0.5
N 50   X31
N 55   G1 Z-36.5
N 60   X36 Z-55
N 65   G0 Z0.5
N 70   X21 F0.3
N 75   G1 Z-32
N 80   G0 X22 Z0.5

```
N 85    X17
N 90    G1 Z-14.5
N 95    G0 X100 Z100
N100    T01 01 F0.1 S150
N105    G0 X8 Z0.5
N110    G42 G01 Z0
N115    G3 X16 Z-4 I0 K-4
N120    G1 Z-15
N125    X20 Z-17
N130    Z-32
N135    G2 X30 Z-37 I10 K0
N140    G1 X35 Z-55
N145    Z-71
N150    X41
N155    G0 X100 Z100
N160    T02 02 F0.1 S60
N165    G0 X36 Z-65
N170    G1 X30
N175    G0 X41
N180    G0 Z-67
N185    G1 X30
N190    G0 X41
N195    Z-85
N200    G1 X-3
N205    G0 X100 Z100 G40
N210    M30
```

Quarto programma di tornitura con funzioni "FANUC" serie 0-MC
con l'uso di funzioni complesse per ciclo di sgrossatura e finitura.

- grezzo di partenza: barre trafilate $\downarrow$ 30
- sporgenza dallo zero griffe del grezzo 71mm

Operazioni elementari del CICLO:

- 1ª sfacciatura
- 2ª ciclo di sgrossatura
- 3ª ciclo di finitura
- 4ª troncatura

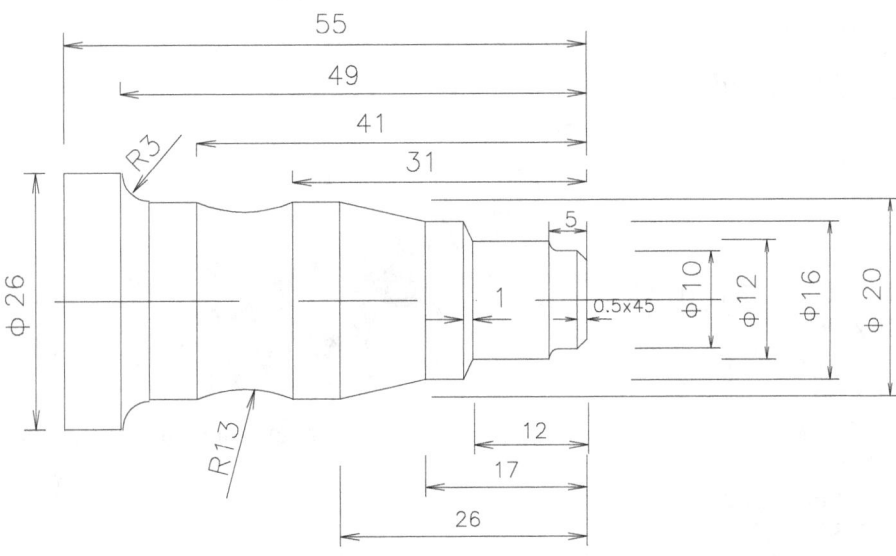

N05 G28   (ritorno al punto riferimento, resetta il controllo, eliminando le precedenti correzioni, non obbligatorio nel simulatore)

N10 T0101 S50 M4 F0.15 (per default sul tornio S = Vt = in m/1' ed F è in mm/giro)

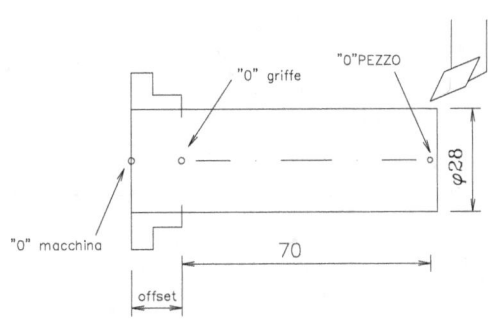

N15 G0 X30 Z70   (si porta l'utensile sul punto di attacco)
N20 G92 Z0   (informa la macchina che la posizione attuale è lo "0")
N25 G1 X-2   (si sfaccia in corrispondenza allo "0" pezzo)

```
N30 G0 X30 Z1
N35 F0.35 S70 G96            (si mette i parametri di sgrossatura e con G96 si lavora a
                             velocità   costante)
N40 G73 U1 R0.1             (ciclo di sgrossatura longitudinale G73,  U1 prof. di passata
                             1mm ; R0.1 è la ritrazione utensile nella corsa di ritorno)
N45 G73 P50 Q115 U0.4 W0.05
                             (P50 blocco iniziale di sgrossatura dove inizia la definizione
                             del contorno; Q115 blocco fine definizione contorno che si sa
                             dopo aver  scritto il programma;  U0.4 sovrametallo sul
                             diametro; W0.05 sovrametallo sugli sballamenti)
N50 G0 X9
N55 G1 Z0 G42               (compensazione raggio a destra)
N60 G1 X10 Z-0.5
N65 Z-4
N70 G2 X12 Z-5 I1 K0
N75 G1 Z-12
N80 X16 Z-13
N85 Z-17
N90 X20 Z-26
N95 Z-31
N100 G2 X20 Z-41 R13 (I12 K-5)
N105 G1 Z-46
N110 G2 X26 Z-49 I3 K0
N115 G1 Z-59
N120 G0 X30 Z-60 G40        (disattiva la compensazione raggio utensili attivata con G42)
N125 X70 Z30
N130 T0202 F0.1 S120
N135 G0 X30 Z1 G42
N140 G72 P50 Q115           (ciclo di finitura da blocco 50 a blocco 115)
N145 G0 X70 Z30 G40
N150 T0303 F0.06 S40
N155 G92 S2000              (G92 limitazione n° di giri lavorando a velocità cost. G96)
N160 G0 X28 Z-55
N165 G1 X-1
N170 G0 X28
N175 X70 Z30
N180 M30
```

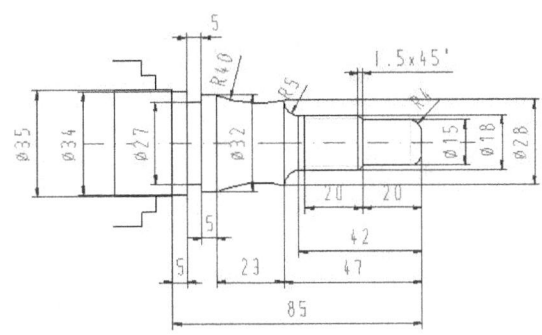

```
N5 G92 W-87.5
N10 T0202 M3
N15 G96 S160 F0.05
N20 G92 S3000
N25 G0 X38 Z0
N30 G1 X-3
N35 G0 Z1 X35
N40 G73 U1 R0.5
N45 G73 P50 Q105 U0.3 W0.3 F0.1
N50 G0 X7 Z2
N55 G1 G42 Z0
N60 G3 X15 Z-4 R4
N65 G1 Z-20
N70 X18 Z-21.5
N75 Z-42
N80 G2 X28 Z-47 R5
N85 G2 X32 Z-70 R40
N90 G1 Z-80
N95 X34 G40
N100 Z-85
N105 X35
N110 S200 F0.05
N115 G72 P50 Q105
N120 G0 X40 Z30
N125 T0808 M4
N130 G0 X34 Z-75
N135 S100 F0.05 M4
N140 G1 X27
N141 G4 X2
N145 G0 X33
N150 Z-77
```

```
N155 G1 X27
N156 G4 X2
N160 G0 X40
N165 Z30
N170 T0505
N175 G97 S400 M3
N180 G0 X19 Z-18
N185 G78 P040360 Q200 R0.1
N190 G78 X16.16 Z-40 R0 P920 Q400 F1.5
N205 G0 X50 Z30
N210 M30
```

Esempio realizzato

Si debba realizzare il pezzo sotto rappresentato partendo da un grezzo di Φ 35 lungo 110 mm sporgente dalle griffe 91 mm usando i seguenti utensili :

T2 finitore posizione 3 (rotazione antioraria)
T8 utensile troncatore e per gole posizione 3 (rotazione oraria)
T5 filettatore posizione 8 (rotazione oraria)

N05 T0202
N10 G92 W-90 (viene determinato il punto 0)
N15 G96 S160 F0.15 M4
N20 G0 X37 Z0
N25 G1 X-3
N30 G0 X37 Z1
N35 G73 U1 R0.5
N40 G73 P45 Q105 U0.5 W0.4
N45 G0 X0 Z1
N50 G1 Z0 G42 (a differenza della fresa non occorre H4 in quanto il raggio è definito già
             nell'indicazione dell'utensile 02)
N55 G3 X16 Z-8 R8
N60 G1 Z-16
N65 X20 Z-28
N70 X22
N75 X24 Z-17
N80 Z-43
N85 G2 X30 Z-46 R3
N90 G1 Z-64
N95 G3 X34 Z-66 R2
N100 G1 Z-75
N105 G0 G40 X37
N110 S200 F0.1 M4
N115 G0 G42 X37 Z1
N120 G72 P45 Q105
N125 G0 G40 X50 Z40
N130 T0808

N135 S100 F0.1 M4
N140 G0 X32 Z-52
N145 G1 X26
N150 G0 X32
N155 X50 Z40
N160 T0505
N165 G97 S400 M3
N170 G0 X25 Z-25
N175 G78 P030560 Q150 R0
N180 G78 X22.16 Z—39 RO P920 Q300 F1.5
N185 G0 X59 Z40
N190 M30

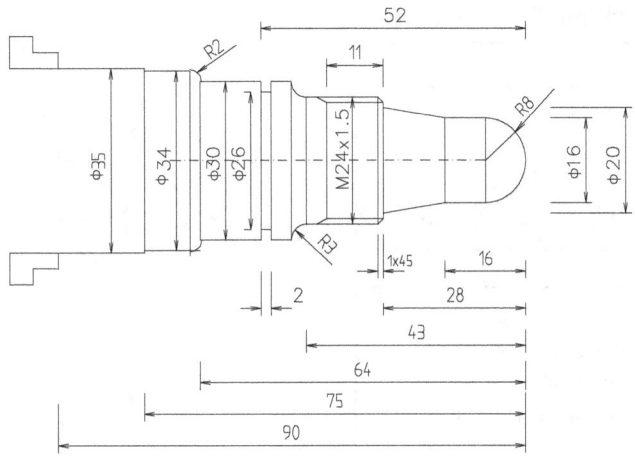

Per usare la simulazione 3D è necessario:
- negli offset   GEOM indicare le posizioni X,Z,R,T degli utensili usati
-   negli offset WORK SHIFT Z e W devono essere riempiti con il valore del passaggio
    dallo zero macchina allo zero griffe, (es. nostro tornio -62.574)
-   nel menù TOOLs del WIN3D-View occorre scegliere gli utensili usati
-   nel menù WORKPIECE occorre definire il posizionamento del pezzo nelle griffe
    con particolare attenzione alla posizione dello zero macchina rispetto allo zero pezzo
    che è dato dalla sporgenza del pezzo dallo zero griffe (nostro esempio 90) + la distanza
    zero griffe- zero macchina (62.574) = 152.574

Materiale:
acciaio bonificato

Dimensioni: 15 x 80 mm
Punto zero:
W-60 - sporgenza 60.5mm

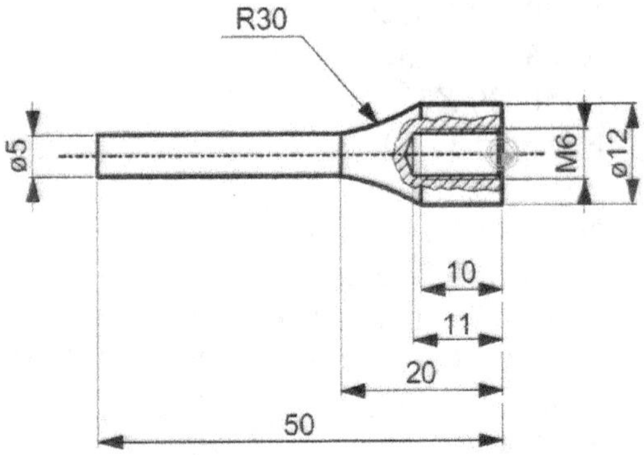

R30
ø5
M6
ø12
10
11
20
50

T1
Offset (X,Z,R) : 01
Posizione tagliente 3
S=150m/min F=0.15mm/g

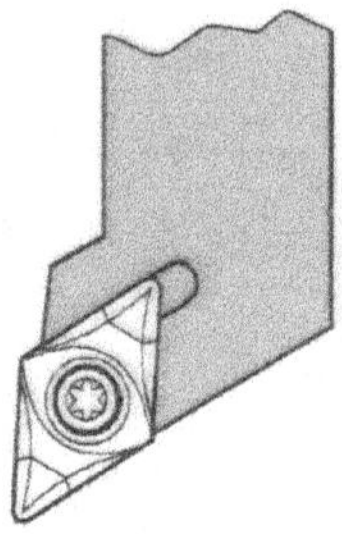

T1

T2
Offset (X,Z,0) : 02
Posizione tagliente 7
S=1100 g/min F=0.1mm/g

T2 – d.10mm

T3
Offset (X,Z,0) : 03
Posizione tagliente 7
S=1500 g/min F=0.08mm/g

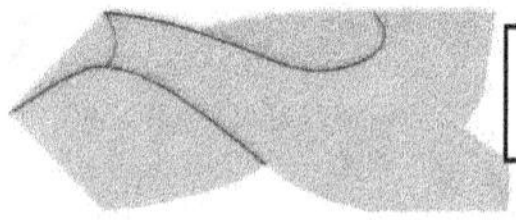

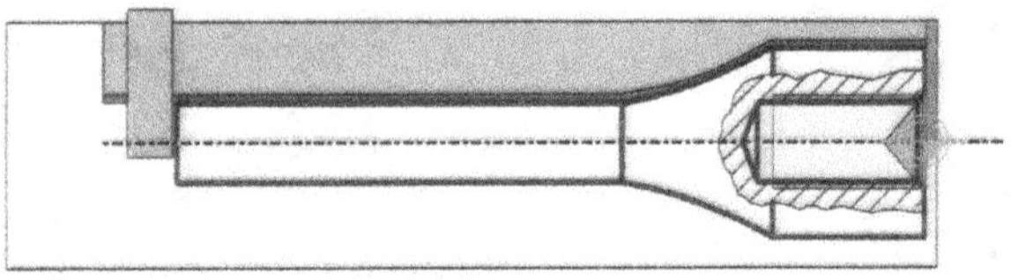

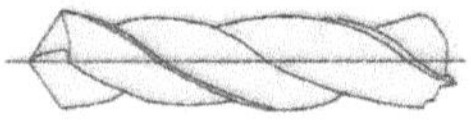

T3 – d.5mm

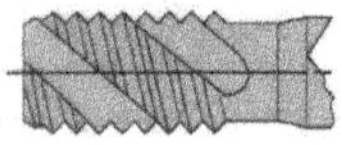

T4
Offset (X,Z,0) : 04
Posizione tagliente 7
S=500 g/min   F=1 mm/g

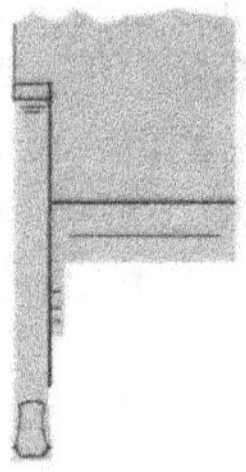

T4 – M6

T6

T5
Offset (X,Z,0) : 05
Posizione tagliente 8
S= 1500g/min F=0.08mm/g

```
N5     G92 W-60
N10    T0101
N15    G96 S150 F0.15 M4 M8
N20    G0 X17 Z0
N25    G1 X-2
N30    G0 X40 Z30
N35    T0202
N40    G97 S1100 F0.1 M3 M8
N45    G0 X0 Z1
N50    G1 Z-3.1
N60    G0 Z45
N65    T0303
N70    S1500  M8
N75    G83 X0 Z-12.5  R1 Q4  P1000 F0.8  G98 M3
N80    T0404
N85    G84 X0  Z10  R1 P1000 F1  G98  M3
N90    T0101
N95    G96 S150 F0.15 M4 M8
N100   GO X15 Z2
N105   G73 U1 R0.5
N110   G73 P115 Q135  U0.3 W0
N115   G0 X12 Z1G42
N120   G1 Z-10
N125   G2 X5 Z-20 R30
N130   G1 Z-54
N135   G0 X15
N140   Z2
N145   S180 F0.08
N150   G72 P115 Q135
N155   G0 X30 Z30
N160   T0606
N165   G97 S1500 F0.04 M4 M8
N170   G0 X17 Z-50
N175   G0 X6
N180   G1 X-1
N185   G0 X30 M5
N190   Z30
N195   M30
```

5.0 PROGRAMMA DI SIMULAZIONE "EMCO" FRESATRICE E TORNIO CON CONTROLLO FANUC

La tastiera di controllo della macchina è rappresentata nella figura sotto, essa corrisponde alla tavoletta grafica, ma in assenza di ciò si può utilizzare la tastiera del computer, utilizzando i tasti funzione.

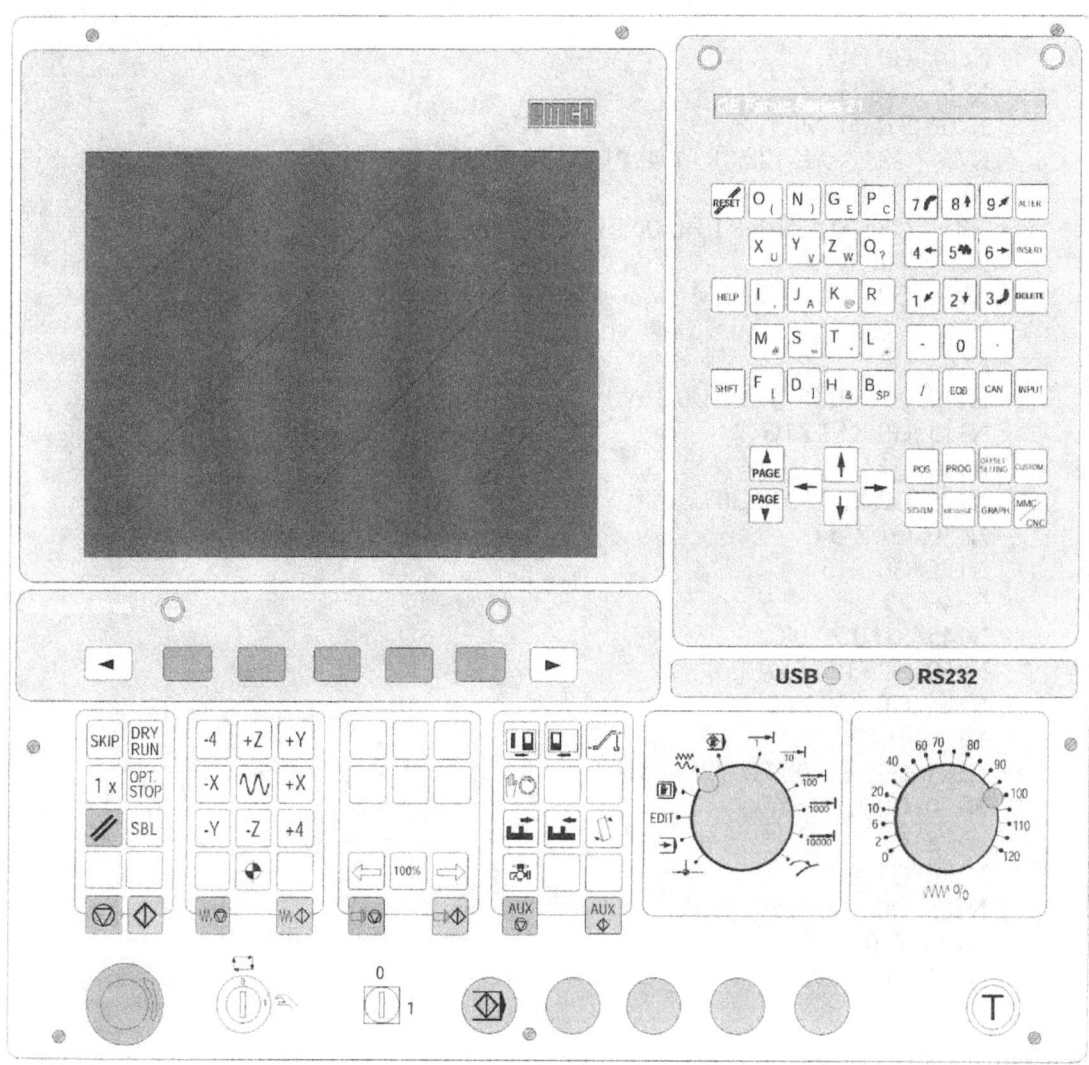

5.1 Generalità sui tasti funzione del PC

Il tasto funzione F1 corrisponde al selettore dei modi, cioè le sequenze operative.
(REFPOINT, AUTOMATIC, EDIT, MDI, JOG)

Con il tasto F12 vengono visualizzati i tasti funzione della macchina (Num Lock disattivo) POS, PRGRM, OFFSET, PARAM e ALARM, premendo di seguito F11 viene visualizzato GRAPH premendo su questo tasto si visualizzano PATH,SOLID.

AUX e premendo ancora   F11 si visualizza 3DVIEW

Con il tasto F2 si torna indietro di un menù se si è entrati in un sottomenù.

POS (F3)	PRGM (F4)	MENU'OFFSET (F5)
DGNOS PARAM (F6)	OPR ALARM (F7)	AUX GRAPH (F3)

Il tasto F11 si usa per scorrere

POS   - indica l'attuale posizione
PRGM   - Edit e visualizzazione del programma
MENU'OFFSET   - settaggio e visualizzazione dei valori di offset, utensili,variabili
DGNOS PARAM   - settaggio e visualizzazione parametri e dati diagnostici
OPR ALARM   - visualizzazione di allarmi e messaggi
AUX GRAPH   - visualizzazione grafica

Esempio con F12 si visualizzano i tasti funzione, si preme MENU' OFFSET, si seleziona il tasto WORK: viene visualizzata la maschera dello "0" Offset

00   è sempre attivo (offset di base, ci sono le quote che identificano lo "0"
           morsa rispetto allo zero macchina)
01   G54
02   G55
03   G56
04   G57
05   G58
06   G59

All'accensione compare

7017 Reference – Point non active

F1 $\Rightarrow$ F7 (ZRN) se si preme il tasto centrale del tastierino numerico (5) si azzerano tutti
                  gli assi e compare **JOG**

Altrimenti occorre digitare una sola volta gli assi della macchina:

Azz.fresa   Azz.tornio

	Z	Y
X		X
Y	Z	

	X	
Z		Z
	X	

Per programmare F1 $\Rightarrow$ F4   si clicca su Edit (F4)

Se si clicca su JOG (o siamo in JOG) + clicca su POS compare la posizione delle slitte

Ad esempio se si vuole settare un utensile, esempio T4, occorre innanzi tutto che la

manopola si trovi in JOG [figura] (abilita gli spostamenti manuali) dopodichè con il

tasto [figura] si ruota la testa portautensili fino a portare nella posizione voluta l'utensile T4,
agendo con i tasti di spostamento utensili (+X,-X,+Y,-Y,+Z,-Z) si va a sfiorare con
l'utensile la ganascia della morsa, si preme il tasto POS e si visualizza la quota Z, da
questo valore si toglie la sporgenza del riferimento utensili, si va nel menù offset e si
scrive il valore ottenuto in 2i-1 cioè per l'utensile T4 in 7.

 Quando siamo in **EDIT** si può programmare; in primo luogo occorre dare un nome al
programma e questo è composto da una lettera "O " seguita da un numero, esempio O1.

ADRS O1 [freccia]   invio   [freccia]   con questo tasto si cancella

compare

_N5 che è il primo blocco del programma; si comincia a digitare la riga e alla fine due
      volte "invio" mette il punto e virgola di fine riga e passa al blocco successivo
_N10

per correggere eventuali errori ci posizioniamo con le frecce della tastiera davanti al
valore errato, si digita il valore giusto poi "Ins" (lo inserisce al posto del valore errato),
se invece si clicca invio lo inserisce senza sostituire, quindi con "canc" cancelliamo la
parte errata.

Per la grafica:

Il programma scritto deve trovarsi nella posizione, sul primo blocco come indicato

_N5 G….

con F12 ⇒ F11 si clicca poi su GRAF

Occorre innanzi tutto stabilire un campo di visualizzazione
per il tornio:

WORK LENGTH   W
WORK DIAMETER   D

per la fresa:

MAXIMUM   X   Y   Z
MINIMUM   I   J   K

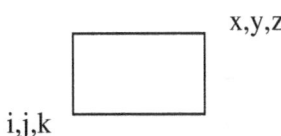

i valori da inserire devono racchiudere lo spazio in cui sono contenuti gli spostamenti
previsti per l'utensile.

a seguire PATH (percorso) F3
           EXEC   F5
           START   F4

- viene visualizzato il percorso utensile
- se prima si digita * SBN (single blook number), si può vedere il percorso blocco
  dopo blocco in sequenza (nota * dal tastierino numerico)

Immissione dello ZERO OFFSET

Premendo il tasto MENU' OFFSET (tasto funzione con F12) , selezionando WORK,
viene visualizzata la maschera di immissione degli offset.
00 – offset di base sempre attivo
01 - …..G54   02 - …..G55   03 - …..G56

premendo il tasto ▼   si passa alla pagina successiva

04 - …..G57   05 - …..G58   06 - …..G59

Ci si porta sull'offset desiderato con ↓ ↑ si immettono i valori poi si preme Input
(invio).

SEQUENZE OPERATIVE - MODI

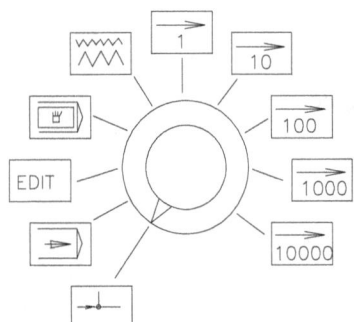

REFPOINT

è il comando per raggiungere il punto di riferimento. Va eseguito:
- dopo aver acceso la macchina
- dopo interruzioni di corrente
- dopo gli allarmi sul punto di riferimento
- dopo collisioni

AUTOMATIC

Manda in esecuzione un programma blocco dopo blocco.

EDIT con questo modo è possibile digitare i programmi di lavorazione

MDI

Con questo modo è possibile accendere il mandrino e ruotare il portautensili, si va in PRG e sull'indirizzo ADRS si digita l'utensile che vogliamo es. T4 M6 e si dà ◁ ◇

JOG

Con i tasti JOG le slitte possono essere spostate manualmente con l'incremento desiderato **1** ⟶ **...... 10000** con i tasti **-X+X –Y+Y -Z+Z.**

AVVICINAMENTO AL PUNTO DI RIFERIMENTO ↓

Con l'avvicinamento al punto di riferimento il controllo viene sincronizzato alla macchina.
Selezionare il modo ZRN (REF) e premere i tasti   **-X+X −Y+Y -Z+Z** si raggiunge il
punto di riferimento nelle rispettive direzioni.
Con il tasto 5 del tastierino numerico del PC (REF ALL) si azzerano automaticamente
tutti gli assi.   Fare attenzione ad eventuali ostacoli nell'area di lavoro (morsa, pezzo etc).

Dopo aver raggiunto il punto di riferimento, le coordinate del punto vengono visualizzate
sullo schermo come coordinate attuali e il controllo è sincronizzato con la macchina.

DIRECTORY PER I PROGRAMMI

Premendo il tasto   DGNOS PARAM (F6) saranno visualizzati i settaggi (SETTING1).
Nella directory per i programmi vengono memorizzati tutti i programmi CNC creati
dall'utente.
Immettere nel campo di immissione "PATH = …….." , il nome desiderato con la tastiera
del PC, max 8 caratteri, senza specificare drive e percorso.

IMMISSIONE DEI PROGRAMMI

I programmi e i sottoprogrammi devono essere immessi nel modo EDIT.

Richiamo di un programma

- andare in modo EDIT
- premere il tasto PRGM
- con il tasto funzione LIB vengono visualizzati i programmi esistenti
- immettere il numero del programma O…
- nuovo programma: premere il tasto Invio (Inset)
- programma esistente: premere il tasto ↓ cursor

Immissione di un blocco

1. parola
2. parola

EOB – fine blocco - Invio con la tastiera del computer

Ricerca parola

Immettere l'indirizzo della parola da ricercare (es. X) e premere ↓ Cursor

Inserimento parola

Posizionare il cursore prima della parola che dovrà seguire quella inserita, immettere la parola desiderata (indirizzo e valore) e premere il tasto Invio

Modifica parola

Posizionare il cursore prima della parola da modificare, immettere la nuova parola e premere il tasto Alter - Ins sulla tastiera del PC.

Cancellazione parola

Posizionare il cursore prima della parola da cancellare e premere il tasto Canc

Inserimento di un blocco

Portare il cursore prima del segno di EOB ";" del blocco che dovrà precedere quello inserito ed immettere il nuovo blocco.

Cancellazione blocco

Immettere il numero del blocco e premere Canc

Cancellazione di un programma

Modo EDIT: immettere il numero del programma (es. O20) e premere Canc

Cancellazione di tutti i programmi

Modo EDIT: immettere il numero del programma O 0-9999 e premere Canc

ESPORTAZIONE E IMPORTAZIONE PROGRAMMI CON DISCHETTO DA PC A PC O MACCHINA

Procedura:
- trovarsi in EDIT (F1+F4)
- PRGRM (è necessario sia visualizzato un programma)
- F12 + F6 (PARAM)

- alla riga I/O si digita *a*
- F12 +F4 + F4 (LIB)
- si scrive su ADRS il nome del programma es. o35 (più programmi o78,o35)
- con F9 si invia al dischetto e con F10 si legge il programma dal dischetto

per esportare o importare i dati degli utensili, stessa procedura ma occorre invece di PRGRM si visualizza OFFSET.

per importare o esportare il 3D stessa procedura ma occorre F12+F11+F3+F3 fino a visualizzare la finestra 3D.

INPUT-OUTPUT DATI

Premere il tasto DGNOS
PARAM

Premere il tasto ↓ PAGE fino a visualizzare SETTING 3

Sotto DEVICE è possibile specificare un'interfaccia seriale COM1 o COM2 ; A drive A ; B drive B; C disco fisso, directory per i programmi (definita in SETTING1) ; P stampante su LPT1.
Per la configurazione vedi manuale (pg18).

Out Programmi e Input programmi e Out Correzione utensili e Input Correz. utensili

Per trasmettere e ricevere programmi e correzione utensilivedi manuale (pg. 19).

STAMPA PROGRAMMI

Per stampare un programma occorre cercare il file da stampare C:\wincts\Fanuc0M\Prg
si apre il file desiderato con NOTEPAD e si stampa.

GRAFICA TRIDIMENSIONALE:

Occorre innanzi tutto visualizzare il programma (RESET /0 INS) e porre il cursore all'inizio del programma:

_N5 G....

F12 ⟶ F11 ⟶ GRAPH ⟶ F11⟶ 3DVIEW (F3) (win 3D-view)

(con la tastiera del CNC si preme il tasto AUX/GRAPH, poi il tasto > e 3DVIEW)

Premendo il tasto 3DVIEW possiamo selezionare i seguenti settaggi:

- *risoluzione*
- *larghezza del passo di simulazione*
- *presentazione degli utensili*
- *rilevazione di collisione*
- *disposizione morsa*

e assegnare i valori desiderati

- **Risoluzione**:   possiamo selezionare 0 (bassa)   1 (media)   2 (alta) .
  Più alta è la risoluzione più lenta sarà la simulazione

- **Larghezza del passo di simulazione:** più piccolo è il passo di simulazione utensile, più continuo e realistica sarà la simulazione. La velocità di simulazione risulterà più bassa.   I movimenti rapidi avvengono sempre in un passo.

- **Rilevazione di collisione:**   0 per collisione OFF
                                                      1 per collisione ON
  Sono visibili le seguenti situazioni:
- collisione utensile-pezzo alla velocità di rapido spostamento
- collisione utensile-morsa
- collisioni di parti non taglianti dell'utensile col pezzo o con la morsa

- **Presentazione degli utensili**:
  Ci sono tre modi di rappresentazione:
- modello volumetrico: 0
- modello volumetrico trasparente : 1
- modello filare: 2
- senza rappresentazione utensile: 3
  Il modello filare ha la simulazione più rapida, ma il modello volumetrico è più realistico.

- **Disposizione morsa (serraggio)**:
  Il serraggio può essere secondo la direzione dell'asse X oppure secondo la direzione dell'asse Y. Premendo il tasto FIXT si sceglie graficamente

SETUP portautensili
Per la simulazione l'utensile scelto deve essere connesso con la posizione nel portautensili (T nella programmazione) . E' offerta una libreria utensili che contiene tutti gli utensili standards.
Lanciamo l'impostazione **F3 TOOLS**

con i tasti frecce verticali ↓ ↑   possiamo selezionare la posizione T…

nel campo TOOLHOLDER   (portautensili)

con i tasti frecce orizzontali →   nella libreria selezioniamo l'utensile desiderato
                                              ←

che associamo alla posizione T stabilita

La libreria contiene 41 utensili

- da 1 a   7 fresotti (2 taglienti) ↓ : 3x5 – 4x7 – 5x8 – 6x8 – 8x11 – 10x13 – 12x176
 - da 8 a 11 frese frontali (4 tagl. -su z non lavorano) ↓ : 8x19 – 10x22 – 12x26 – 16x32
- 12 e 13 frese a "T" rovescio ↓ : 12.5x6 – 16x8
- 14 e 15 frese raggiate ↓ : raggi 6 e 12
- 16 fresa a coda di rondine inversa 16 angolo 60°

- 17 fresa a coda di rondine 16 angolo 45
- 18 fresa frontale ↓ 40
- 19 e 20 frese a disco ↓ : 35x5 – 50x6
- 21 sega circolare ↓ 60
- 22 centrino per foratura
- da 23 a 36 punte elicoidali ↓ : 2 – 2.5(M3) – 3 – 3.3(M4) – 4 – 4.2(M5) – 5 – 6 –
                                    6.8(M8) – 7 – 8 – 8.5
- da 37 a 41 maschi : M3 – M4 – M5 – M6 – M8

N18 H.d. shank end mill 40mm   F7 (take)
N 6   Slot mill cutter   10mm   F7 (take)
N29 Twist drill   5mm   F7 (take)
N 7   Slot mill cutter   12mm   F7 (take)

TOOL LIBRARY   F5   F6   (archivi)

        Tool Number 1 :   rouling tool left (sgrossatore) F7
                      2 :   copying tool left   F7
                      3 :   parting off tool

POS (F3)	PRGM (F4)	MENU'OFFSET (F5)
DGNOS PARAM (F6)	OPR ALARM (F7)	AUX GRAPH (F3)

Slot milling cutter   3-12mm   (fresa per cave 2 taglienti) fresotti
H.d. shank end mill 8-16mm   (frese frontali   4 taglienti) centro vuoto su z non lavorano
T slot cutter   12.5 e 16 mm   (frese a T)
Radium cutter   6 e 12 mm   (frese raggiate)
Dovetail cutter   (frese coniche)
- Invert dovetail cutter: (frese a coda di rondine)

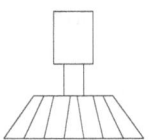

- H.d.shell end mill 40mm:

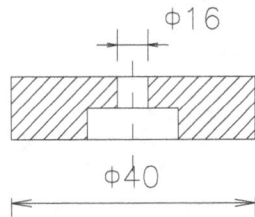

- Disk milling:

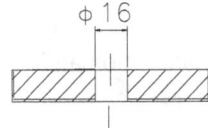

                              diametri da 35-50 mm

Circular saw disk	60mm	(sega circolare)
N.C. spot drill		(centrino per foratura)
Twist drill	2-10mm	(punte elicoidali)
Tap	M3-M8	(maschiatore)

con F2 si esce dal sottomenù o si torna indietro

con F4 WORKP(eace)

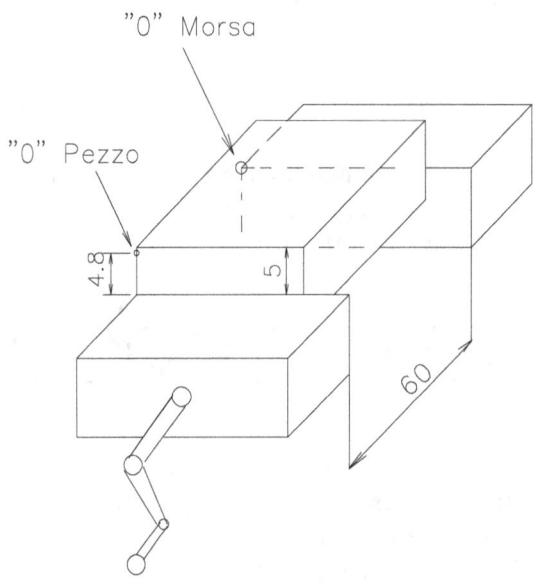

prima si definisce lo "0" pezzo rispetto allo "0" morsa, dopodiché con F6-FIXT si definisce il pezzo all'interno della morsa.

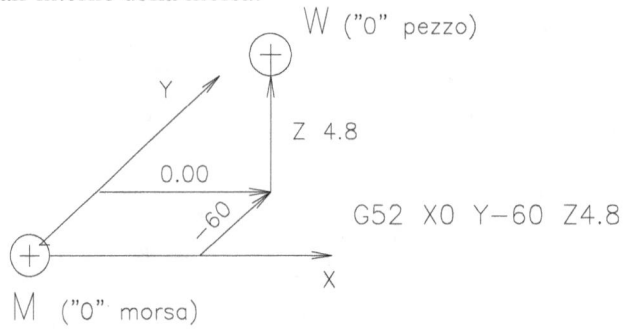

G52 X0 Y-60 Z-4.8   memorizza da "0" morsa a "0" pezzo

con F6 FIXT posizione di fissaggio del pezzo nella morsa; la morsa può essere orientata sia in asse con X, sia in asse con Y.

con F7 simulazione

* F4 attiva simulazione passo passo (* dal tastierino numerico)

Se lavoriamo con la **compensazione raggio utensili** (G41-G42), esempio T02 (↓ 10mm)

H3 è la compensazione della sporgenza utensile, nel simulatore non è necessaria
H4 è la compensazione del valore del raggio è necessaria

da F12 ⟶ F5 (OFFSET) si va all'indirizzo 12 e si digita 5 che è il valore del raggio
dell'utensile T02

Per osservare la vista da varie posizioni: F5   TOP F7 F2 F7 F4

NOZIONI PRATICHE SULLA MACCHINA

a) si accende prima la macchina agendo sull'interruttore pos.1
b) si accende poi il computer (ricordarsi che la tastiera di macchina sia su "on"
c) si lancia il programma dal desktop cliccando l'icona: avvio macchina

sul monitor deve comparire il messaggio: Reference-point not active se ciò non dovesse
avvenire premere il pulsante bianco sotto lo sportello macchina e aprire e richiudere il
suddetto sportello, con ciò si resetta tutto.

d) Eseguire il Ref-point cioè il raggiungimento dei punti di riferimento, per far ciò
    ruotare la manopola della tastiera sulla modalità sotto indicata e poi con i tasti frecce

    portarsi ai punti estremi di riferimento; ciò si può fare anche con il
tastierino del computer con F1 – F4 – F7 e premendo o i tasti 8 (Z+) 9 (Y+) 6 (X+)

o il tasto centrale 5 con quale si azzerano contemporaneamente tutti gli assi

e) si carica il programma desiderato dalla libreria programmi si va in EDIT poi PRGM
   e poi LIB si sceglie il programma o36 (es.) si clicca su ↓ e il programma appare sul
   video

f) si porta la manopola sulla lavorazione automatica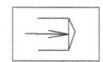

g) col tasto verde si dà il via alla lavorazione

h) se si vuole operare con blocchi singoli si preme il tasto bianco
   appare SBL

i) per tenere sotto controllo la lavorazione in caso di necessità premere
   tasto verde per bloccare la macchina

l) con il tasto celeste POS si possono visualizzare i dati del programma in esecuzione

m) per spengere la macchina prima si chiude il computer JOG + AUX per eliminare gli
   ausiliari poi successivamente la macchina